株式会社ウエイド 原田 鎮郎 著

技術評論社

本書で使用するソフトウェアについて

　本書では次のソフトウェアの執筆時点での最新バージョンを使って解説しています。バージョンが異なることで、掲載している画面イメージが異なる場合もありますが、適宜読み替えてください。ダウンロードやインストール方法は第1章 (P.15) を参照してください。

- 基盤地図ビューア V5 5.0.2 (macOS 10.12 Sierra 以降)
  　　　　　　　　V4 4.2.2 (Mac OS X 10.8 Mountain Lion〜macOS 10.13 High Sierra)
- 基盤地図標高変換 4.0.1 (Mac OS X 10.11 El Capitan 以降)
  　　　　　　　　3.1.1 (Mac OS X 10.7 Lion 以降)
- ジオ地蔵 3.5.4 (Mac OS X 10.11 El Capitan 以降)
  　　　　　　2.9.11 (Mac OS X 10.8 Mountain Lion 以降)
- QGIS 3.4.6 (Mac OS X 10.11 El Capitan 以降)
  　　　　3.2 (Mac OS X 10.10 Yosemite〜macOS 10.13 High Sierra)

　本書に記載された内容は、情報の提供のみを目的としています。したがって、本書の情報のご利用は、必ずお客様自身の責任と判断によって行ってください。これらの情報によるご利用の結果について、技術評論社および著者はいかなる責任も負いません。

　本書記載の情報は、2019年3月現在のものを掲載していますので、ご利用時には、変更されている場合もあります。また、ソフトウェアに関する記述は、特に断わりのないかぎり、2019年3月時点での最新バージョンをもとにしています。ソフトウェアはバージョンアップされる場合があり、本書での説明とは機能内容などが異なってしまうこともあり得ます。本書ご購入の前に、必ずバージョン番号をご確認ください。

　以上の注意事項をご承諾いただいたうえで、本書をご利用願います。これらの注意事項をお読みいただかずに、お問い合わせいただいても、技術評論社および著者は対処しかねます。あらかじめ、ご承知おきください。

本書で記載されている製品の名称は、一般に関係各社の商標または登録商標です。なお、本書では ™、® などのマークを省略しています。

■ はじめに

　デザイナーやイラストレーターにとって、地図作成はやっかいな仕事です。スマホや PC で見る Web 地図がどれだけ便利になっても、ページの中でパッと見るだけで場所がイメージできたり、旅の雰囲気が想像できる地図はまだまだ必要です。

　地図を使ったほうが伝わりやすいのは間違いない記事を担当していても、しっかり作り込めば時間がかかりますし、予算は限られています。

　便利な地図アプリがあるらしいという話は耳に入っているものの、調べている余裕もなく、とにかく〆切りまでに仕上げなければと、多くのデザイナーやイラストレーターはつらい思いをしながら力技で作成しているのではないでしょうか。筆者もそんな一人でした。

　数年前から高低差が色分けと陰影で表現された地形の本がヒットし始め、筆者の所属する会社にも問い合わせが入るようになりました。業界の変化についていかねばと、調査とテストを始めましたが、情報が断片的だし、Windows のものがほとんど。最初は Windows 用のフリーソフトから始めて、少しずつ実務に使える方法を整えてきました。いや、正直に言えば、現在も試行錯誤の途中です。

　「これ、最初から知っていれば！」「こうすればよかったのか。やっとわかった」── そんな思いを繰り返す中で、この知識を共有すれば、同じように地図作りに悩みを抱えながら、困っている人の力になれるのでは？ という気持ちになり、本書を執筆しました。

　そのため、本書では地図にまつわる理論や理屈はざっくり省略しました。「こんな地図を作るにはこのデータとこのアプリをこんな風に」と、実用性に絞って解説しています。

　商用利用可能な地図を無料素材で作る方法を、Adobe Illustrator での処理まで含めて解説した本は、現在他にありません。慣れない用語や操作で最初はとまどうかもしれませんが、ぜひ実際にアプリを入れて試してみてください。

　あなたの地図作成時間を短縮し、デザイン性の向上に使える時間を増やし、残業を減らすお役に、きっと立てると思います。さぁ、はじめましょう！

2019 年 4 月
株式会社ウエイド　原田鎮郎

■ 本書の使い方

　各章は、作成する地図の元になるデータを用意し、地図ソフトに読み込んで多少の加工や調整を経て素材となる地図を作成します。そして、素材となる地図をIllustrator（たまにPhotoshop）でデザインを整えたり、文字を入れて仕上げるという順序で書かれています。

　それぞれの章は独立しているので、作成したい地図の章を読んでいただけばすぐに地図を作れます（第5章のみ、第4章で作成した地図素材を流用します）。

　使用するソフトのインストール方法と、一部の素材をダウンロードするための利用者登録の方法は第1章で説明しています。先に全部のソフトを準備してもよいですし、試そうとしている章に必要な準備だけをしてもよいでしょう。

　本書はIllustratorで地図を作成しているデザイナーさんやイラストレーターさんを主な対象読者と想定してまとめました。そのため、Illustratorの基本操作について細かく説明していません。

　第2章だけは、基本操作がギリギリわかるくらいの新入社員に教えるつもりで細かく説明しています。Illustratorに不慣れな方は、まず第2章の作例を手順通り真似してみるとよいでしょう。それでも難解だとしたら、先にIllustratorの入門書をご覧ください。

　Adobeのアプリ以外は、無料で使えるアプリとデータだけで作成しています。作成した地図は販売が可能です。ただし国土地理院のデータは、使い方によって申請が必要になったり、有料になる条件もあります。出版物に対する利用条件は、Appendixにまとめてあります。

　ネットで自由に使える地図といえば、OpenStreetMapがありますが、権利関係について十分理解できていないので、今回は使用を見送りました。会社として、フリーランスとして、地図を作成して販売するのに「かたい」方法を紹介しています。

■ 目次

はじめに　3
本書の使い方　4
本書で作成する地図　8

第1章　利用するソフトウェアの準備と地図データ利用のための利用者登録　15

1　「基盤地図ビューア」と「基盤地図標高変換」の準備 …………………………… 16
2　「ジオ地蔵」の準備 …………………………………………………………………… 17
3　「QGIS」の準備 ………………………………………………………………………… 18
4　「基盤地図情報ダウンロードサービス」の利用者登録 ………………………… 26

第2章　トレース作業なしで地図を作成する【基盤地図ビューア】　29

Step1　地図データをダウンロードする …………………………………………… 30
Step2　基盤地図ビューアで書き出す ……………………………………………… 32
Step3　Illustrator に読み込む ……………………………………………………… 34
Step4　地図要素をレイヤーに分配する …………………………………………… 36
Step5　地色をオレンジ系、道を白にする ………………………………………… 38
Step6　JR の線路を表現する ………………………………………………………… 42
Step7　歩道の色、線幅を設定する ………………………………………………… 43
Step8　建物を選んでコピーし、色を設定する …………………………………… 44
Step9　主要施設の文字を入れる …………………………………………………… 45
Step10　補足の駅名を調整し、路線名・通り名を入れる ………………………… 47
Step11　紹介ポイントを作成する …………………………………………………… 49
Step12　見出しを作り、出所を明示する …………………………………………… 50
応用①　**大規模な公園の案内図を作成する** ……………………………………… 51
応用②　**文庫本用のモノクロ地図を作成する** …………………………………… 53

第3章　地形入りタウンマップを作成する【基盤地図ビューア】　55

Step1　地図データをダウンロードする …………………………………………… 56
Step2　標高データを変換する ……………………………………………………… 59
Step3　基盤地図ビューアにデータを読み込む …………………………………… 60
Step4　表示設定を変更する ………………………………………………………… 62
Step5　PDF に書き出す ……………………………………………………………… 64
Step6　Illustrator で読み込む ……………………………………………………… 65
Step7　道などのアピアランスを調整する ………………………………………… 66
Step8　文字やポイントを加えて仕上げる ………………………………………… 67
応用①　**城址公園の地図を作成する** ……………………………………………… 68

第4章 遠近感のある地形図を作成する【ジオ地蔵】 71

Step1	地形データをダウンロードする	72
Step2	標高データを変換する	73
Step3	標高データを読み込む	74
Step4	作成する範囲を決める	76
Step5	色分け設定をする	77
Step6	Photoshop で河川部分を着色する	78
Step7	Illustrator に読み込んでトリミングを検討する	79
Step8	Illustrator 上で整える	81
応用①	**高尾山の鳥瞰図を作成する**	82

第5章 さまざまな図法の世界地図を作成する【QGIS】 87

Step1	Natural Earth 地図データをダウンロードする	88
Step2	データを QGIS に読み込んで、「塗り」と「線」を設定する	90
Step3	国境を作成する	92
Step4	緯度経度、赤道などの地理学的な線を作成する	94
Step5	海の色を作成する	95
Step6	モルワイデ図法に変換する	96
Step7	PDF に書き出して Illustrator に読み込む	97
応用①	**図法・色分けを変更する**	100
応用②	**カスタム投影法で太平洋中心の地図を作成する**	104

第6章 正確な市区町村図を作成する【QGIS】 115

Step1	地形データをダウンロードする	116
Step2	QGIS にデータを読み込む	118
Step3	表示を絞り込む	120
Step4	塗り分けを設定する	122
Step5	市区町村名を表示する	123
Step6	PDF に書き出す	124
Step7	Illustrator で読み込み調整する	125
Step8	文字を並べ直す	126
Step9	タイトルを入れて仕上げる	127
応用①	**Natural Earth のデータで都道府県地図を作成する**	128
応用②	**市区町村を合体して都道府県地図を作る**	133

第7章 鉄道路線図を簡単に作成する【QGIS】 139

Step1　日本の鉄道路線データをダウンロードする ················· 140
Step2　QGIS にデータを読み込む ····················· 142
Step3　路線を色分けする ··························· 143
Step4　駅のシンボルを設定する ························ 144
Step5　路線名・駅名を表示する ························ 145
Step6　PDF に書き出す ···························· 146
Step7　Illustrator で調整する ························ 147
Step8　文字を並べ直して完成 ························· 148
応用①　**首都圏の JR 路線図を作成する** ················· 149
応用②　**静岡県の道の駅マップを作成する** ··············· 153

第8章 世界の陰影地形図を作成する【QGIS】 161

Step1　地形データをダウンロードする ···················· 162
Step2　QGIS にデータを読み込む ····················· 163
Step3　標高による色分けを設定する ····················· 164
Step4　色分けされていない場所を確認しておく ················ 166
Step5　ETOPO1 のデータに投影法設定を割り当てる ············· 167
Step6　ETOPO1 のデータから陸地のみの標高データを切り出す ········ 168
Step7　陸地のレイヤーに着色する ····················· 169
Step8　陰影のレイヤーを作成する ····················· 171
Step9　湖のレイヤーを作成する ······················ 172
Step10　PDF に書き出す ··························· 173
Step11　Photoshop で余白を消去する ··················· 174
Step12　Illustrator の新規ファイルに配置する ··············· 175
Step13　経緯線を描く ···························· 176
Step14　プレート境界、文字を入れて完成 ················· 177
応用①　**楕円形の陰影世界地図を作成する** ··············· 178
応用②　**国別に塗り分けられた世界地図を作成する** ··········· 186

Appendix 地図データの利用条件（刊行物に使用する場合） 190

著者紹介　191

■ 本書で作成する地図

出所を明示していない地図は、パブリックドメインの素材を使用して作成したものです。構図を決め、色や線幅を調整し、文字を入れるなどのデザインに対する著作権は作成者に帰属します。

第2章
トレース作業なしで地図を作成する【基盤地図ビューア】……P.29

※国土地理院の基盤地図情報を利用して株式会社ウエイドが作成。

竜巻発生地点の拡大図(現在の地図上)

※『方丈記』(著:鴨長明 訳:蜂飼耳 光文社 古典新訳文庫)
※この地図は国土地理院の基盤地図情報を利用して作成後、加工したものです。

※国土地理院の基盤地図情報を利用して株式会社ウエイドが作成。

第3章
地形入りタウンマップを作成する【基盤地図ビューア】……P.55

※国土地理院の基盤地図情報を利用して株式会社ウエイドが作成。

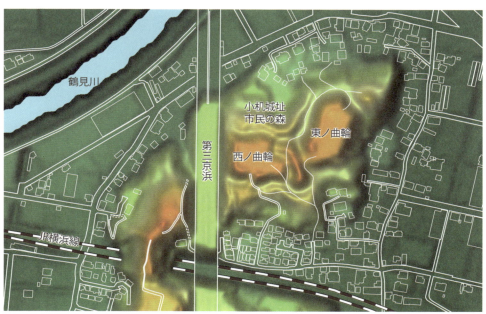

※国土地理院の基盤地図情報を利用して株式会社ウエイドが作成。

第4章
遠近感のある地形図を作成する【ジオ地蔵】……P.71

※国土地理院の基盤地図情報を利用して株式会社ウエイドが作成。

※国土地理院の基盤地図情報を利用して株式会社ウエイドが作成。

第5章
さまざまな図法の世界地図を作成する【QGIS】……P.87

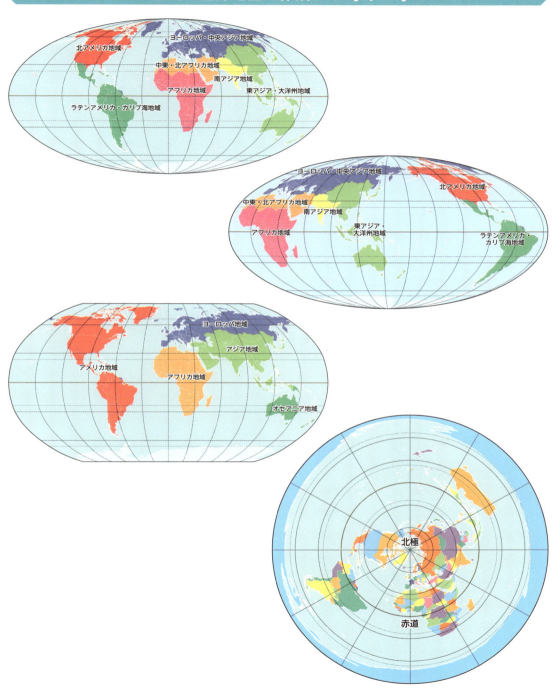

第6章
正確な市区町村図を作成する【QGIS】……P.115

※国土地理院の「国土数値情報」行政区域データを使用して株式会社ウエイドが作成。

※国土地理院の「地球地図日本」行政界データを使用して株式会社ウエイドが作成。

第7章
鉄道路線図を簡単に作成する【QGIS】……P.139

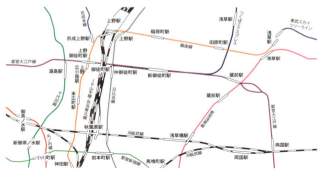

※国土地理院の「国土数値情報」鉄道データを使用して株式会社ウエイドが作成。

※国土地理院の「国土数値情報」鉄道データ、「地球地図日本」行政界データを使用して株式会社ウエイドが作成。

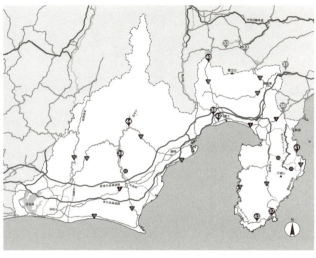

※『首都圏「道の駅」ぶらり半日旅』(浅井佑一著／ワニブックスPLUS新書) に掲載の静岡県のおすすめ道の駅マップ
※国土地理院の国土数値情報、地理院地図を使用して株式会社ウエイドが作成。

13

第8章
世界の陰影地形図を作成する【QGIS】……P.161

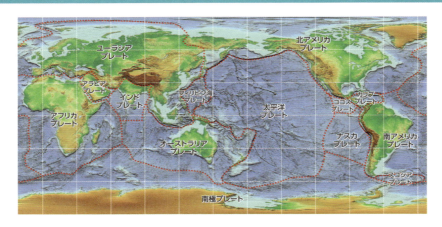

※『コアレックス英和辞典 第3版』(旺文社)に掲載の世界地図

第1章

利用するソフトウェアの準備と地図データ利用のための利用者登録

最初に本書で利用するソフトウェアなどの環境を作成しておきましょう。また、地図データを利用するための利用者登録も済ませておきます。

1 「基盤地図ビューア」と「基盤地図標高変換」の準備 [使用する章：2～3]

「基盤地図ビューア」は国土地理院のWebサイトからダウンロードできる「基盤地図情報」を閲覧するソフトウェアです。「基盤地図標高変換」は5m/10mメッシュの標高データを基盤地図ビューアで読み込める形式に変換するものです。

ダウンロード

作者である品川地蔵さんのWebサイト（図1.1.1）からダウンロードページ（図1.1.2）を開きます。配布中のプログラム（アプリケーション）の一覧から、自身のOSの対応バージョンの「基盤地図ビューア」と「基盤地図標高変換（DemConv）」をダウンロードします。本書では、執筆時点（2019年4月）で最新の「基盤地図ビューア V5 5.0.2」と「基盤地図標高変換 4.0.1」をダウンロードしました。

図1.1.1：品川地蔵さんのWebサイト
（①http://www.jizoh.jp/）

図1.1.2：ダウンロードページ

それぞれダウンロードして解凍したらアプリケーションフォルダに入れておきます（図1.1.3と図1.1.4）。

図1.1.3：基盤地図ビューア V5 5.0.2

図1.1.4：基盤地図標高変換 4.0.1

2 「ジオ地蔵」の準備 [使用する章：4]

「ジオ地蔵」は数値標高データ（DEM：Digital Elevation Model）を可視化でき、陰影付きの段彩図や鳥瞰図などを描画するソフトウェアです。

ダウンロード

ジオ地蔵の作者も、基盤地図ビューアと同じ品川地蔵さんです。同氏のWebサイト（図1.2.1）からダウンロードページ（図1.2.2）を開きます。配布中のプログラム（アプリケーション）の一覧から、自身のOSの対応バージョンの「ジオ地蔵」をダウンロードします。本書では、執筆時点（2019年4月）で最新の「ジオ地蔵 3.5.4」をダウンロードしました。

ダウンロードして解凍したらアプリケーションフォルダに入れておきます（図1.2.3）。

図 1.2.1：品川地蔵さんのWebサイト（①http://www.jizoh.jp/）

図 1.2.2：ダウンロードページ

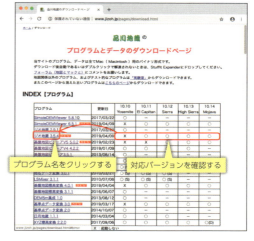

図 1.2.3：ジオ地蔵 3.5.4

3 「QGIS」の準備 [使用する章：5〜8]

「QGIS」は地理情報システム（Geographic Information System）の閲覧や編集などができるオープンソースソフトウェアです。無料ですが、多くの機能や使いやすい操作性が特徴です。このソフトウェアを動かすにはプログラム言語である「Python」も必要になりますので、併せてダウンロードして QGIS よりも先にインストールします。

QGIS のダウンロード

QGIS の Web サイト（図 1.3.1）で［ダウンロードする］をクリックすると、使用している OS 環境に合わせたダウンロードタブが展開されます（図 1.3.2）。ここでは、長期リリース（最も安定）の最新インストーラをダウンロードします（執筆時点の最新版は 3.4.6）。また、ダウンロードページには「Python が必要」と書いてあるので、［Python.org Python 3］をクリックして Python の Web ページを開きましょう。

図 1.3.1：QGIS の Web サイト
（ⓘhttps://www.qgis.org/ja/site/）

図 1.3.2：ダウンロードページ

Python 3.6 のダウンロード

　Python の Web サイト（図 1.3.3）では［Downloads］⇒［Mac OS X］を選択して、Mac OS X 用のリリース一覧（図 1.3.4）を表示します。さまざまなバージョンが表示されていますが、「Stable Releases（安定版）」の中で最新の「Python 3.6.X」を探し、「mac OS 64-bit installer」をクリックしてダウンロードします。

　執筆時点（2019 年 3 月）で、もっと新しい「Python 3.7.3」が出ていますが、QGIS を動かすのには 3.6.X が必要なので注意してください。

図 1.3.3：Python の Web サイト
　　　　　（①https://www.python.org/）

図 1.3.4：リリース一覧

Pythonのインストール

それでは、QGISよりも先にPythonをインストールします。

ダウンロードした「python-3.6.X-macosx10.9.pkg」を右クリック⇒［開く］でインストーラの画面に従って読み進み、ボタンをクリックして進めます（図1.3.5〜図1.3.9）。途中でシステムのパスワードを要求されるので、入力してインストールを実行します（図1.3.10〜図1.3.12）。

インストール完了したら、インストーラは削除してもかまいません（図1.3.13）。

図 1.3.5：

図 1.3.6：

図 1.3.7：

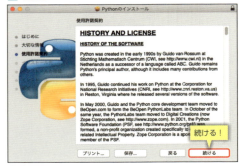

図 1.3.8：

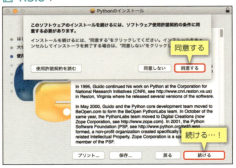

図 1.3.9：

図 1.3.10：

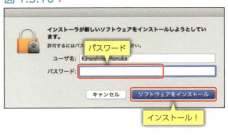

3 「QGIS」の準備 [使用する章：5〜8]

図 1.3.11：

図 1.3.12：

図 1.3.13：

QGISのインストール

続いてQGISをインストールします。先ほどダウンロードしたファイルはディスクイメージなので、開くとディスクがデスクトップに現れます（図1.3.14）。

表示されるファイル名がインストール手順をガイドしてくれています。「1」のPythonはすでにインストールしたので、「2 Install QGIS 3 LTR.pkg」を開きます（図1.3.15、図1.3.16）。インストーラの画面に従って読み進み（図1.3.17〜図1.3.21）、要求されたら

図1.3.14：ダウンロードしたファイル（ディスクイメージ）

図1.3.15：

図1.3.16：

図1.3.17：

図1.3.18：

図1.3.19：

図1.3.20：

3 「QGIS」の準備 [使用する章：5～8]

パスワードを入力してインストールを完了させます（図 1.3.22、図 1.3.23）。完了時にディスクイメージをゴミ箱に入れるか確認されますが、設定が終わっていないので［残す］をクリックします（図 1.3.24）。

図 1.3.21：

図 1.3.22：

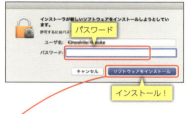

図 1.3.23：

図 1.3.24：

アプリケーションフォルダ（図 1.3.25）と Launchpad（図 1.3.26）に登録されていることを確認して、起動しましょう。

図 1.3.25：アプリケーションフォルダ

図 1.3.26：Launchpad

23

図 1.3.27：

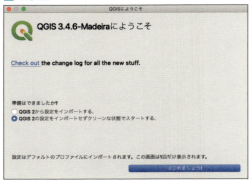

QGIS の起動と初期設定

　QGIS を初めて起動したときだけ、旧バージョンの設定を読み込むかどうか確認されるので、インポートしない設定を選んで［はじめましょう！］をクリックします（図 1.3.27）。無事に起動できれば、図 1.3.28 のような画面が表示されます。

　このままでも多くの機能が使えますが、1つ環境設定をしておく必要があります。

図 1.3.28：

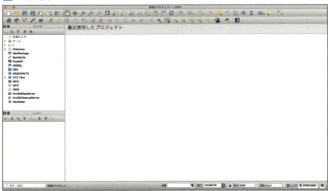

　メニューの［QGIS 3］⇒［Preferences］で環境設定画面を開き、システムタブ内の下のほうにある［カスタム変数を用いる］にチェックを入れます（図 1.3.29、図 1.3.30）。

図 1.3.29：

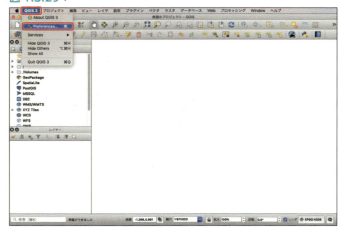

図 1.3.30：

［＋］で項目を追加し、［適用］は「先頭に追加」を選び、［変数］は「PATH」を入力します（図 1.3.31）。入力する値は QGIS のディスクイメージ内にある「Read Me.rtf」（図 1.3.32）からコピー＆ペーストします。設定できたら［OK］で画面を閉じ、QGIS を再起動します（設定が有効になります）。

図 1.3.31：

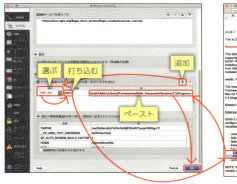

図 1.3.32：

📄 エラーが発生する場合

　QGIS は複数の外部モジュールを利用しているため、手順どおりにインストールしても起動時にエラーメッセージが表示されることがあるようです（図 1.3.A）。

　本書の執筆中にも、新しいマシンにインストールしたところエラーが出て解決できず、翌日には新しいインストーラがリリースされていて、インストールし直したら起動できたということがありました。

　手順どおりにインストールしてもうまくいかなかったら、ネットで情報を集めてみましょう。また、Facebook 上では「QGIS User Group Japan」グループがあるので、質問してみてもよいでしょう。

　また、不具合があればいつでも前のバージョンに戻せるような準備も整えておきましょう。

図 1.3.A：起動時のエラーメッセージ

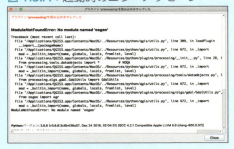

4 「基盤地図情報ダウンロードサービス」の利用者登録 [使用する章：2〜4]

「基盤地図情報」とは、地理空間情報活用推進基本法（平成19年に成立）で次のように規定されるもので、国土地理院が中心となって整備されています。

「基盤地図情報」とは、地理空間情報のうち、電子地図上における地理空間情報の位置を定めるための基準となる測量の基準点、海岸線、公共施設の境界線、行政区画その他の国土交通省令で定めるものの位置情報（国土交通省令で定める基準に適合するものに限る。）であって電磁的方式により記録されたものをいう。

国土地理院の基盤地図情報ダウンロードサービスは利用者登録制のため、ここで登録を済ませておきましょう。同サービスのWebサイト（図1.4.1）から［新規登録］をクリックして進めます（図1.4.2〜図1.4.5）。法人で利用する場合は、会社名や代表者名が必要になります。

図1.4.1：国土地理院の基盤地図情報ダウンロードサービス（ⓘ https://fgd.gsi.gc.jp/download/menu.php）

図1.4.2：登録時の留意事項

4 「基盤地図情報ダウンロードサービス」の利用者登録 [使用する章：2～4]

図 1.4.3：登録画面

図 1.4.4：確認画面

図 1.4.5：登録完了画面

第1章　利用するソフトウェアの準備と地図データ利用のための利用者登録

図 1.4.6：仮登録完了メール

登録完了後、登録したメールアドレスに国土地理院からメールが届きます（図 1.4.6）。末尾に書かれている URL を開くと、ID とパスワードを知らせるメールが届きます（図 1.4.7、図 1.4.8）。これで無事に本登録が完了です。ID とパスワードはしっかりと保管してください。

図 1.4.7：登録完了画面

図 1.4.8：本登録完了メール

　以上で、本書で利用するソフトウェアのインストールと、国土地理院のデータを使うための利用者登録が終わり、準備が整いました。
　次章からはいよいよ地図を作成していきましょう。便利ですばやく、権利関係も問題のない地図作成方法を体験してください！

第2章
トレース作業なしで地図を作成する【基盤地図ビューア】

本章ではダウンロードした地図データを「基盤地図ビューア」でPDFファイルに出力し、Illustratorで調整して地図を作成します。一から描くのとは比較にならない速さで済ませられます。

第2章　トレース作業なしで地図を作成する【基盤地図ビューア】

STEP 1　地図データをダウンロードする

図 2.1.1：基盤地図情報ダウンロードサービス

まず、「基盤地図ビューア」に読み込むための地図データを用意します。基盤地図情報ダウンロードサービスのWebサイト（図 2.1.1）の「基本項目」の［ファイル選択へ］をクリックします（図 2.1.1）。

図 2.1.2：データの選択画面

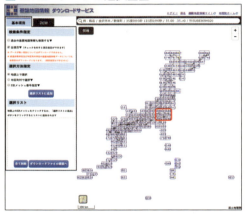

小さなマス目に覆われた日本地図が表示されます。右上の［＋］［－］やマウスのホイールで拡大縮小できます。（図 2.1.2）

図 2.1.3：ダウンロードデータの選択

各マスの中央の数字をクリックすると、左の［選択リスト］に登録されていきます（図 2.1.3）。

30

STEP 1　地図データをダウンロードする

　　ここでは「吉祥寺駅周辺」（東京都武蔵野市）の地図を作るので、「533944」を1つだけ登録して［ダウンロードファイル確認へ］に進みます（図 2.1.4）。

　　今回は1つだけですが、「全てチェック」をクリックして、あらためてダウンロードするデータを選び、「まとめてダウンロード」をクリックしてデータを自分のPCに保存します（図 2.1.5）。

　　ZIP 圧縮されているので解凍しておきましょう。これでようやくアプリケーションを起動する準備ができました。

図 2.1.4：選び終わったら確認画面へ

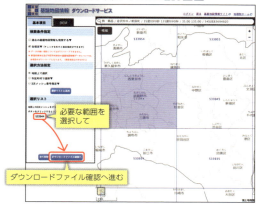

図 2.1.5：一覧の確認とダウンロード

📄 フォルダ名を工夫しよう

　地図アプリケーションを扱うようになると、いろいろなサイトからいろいろなデータをダウンロードすることになります。

　権利関係の表記にも関係してくるので、どのサイトからいつダウンロードしたどの地域のデータなのか、後からわかるようなフォルダ名を付けておくことをお勧めします。

31

第 2 章　トレース作業なしで地図を作成する【基盤地図ビューア】

STEP 2　基盤地図ビューアで書き出す

　それでは、基盤地図ビューアを起動して、地図を表示させましょう（図 2.2.1）。［ファイル］⇒［読込む］（図 2.2.2）で先ほど解凍した地図データのフォルダを指定します。

図 2.2.1：基盤地図ビューアの初期画面

図 2.2.2：地図データの読み込み

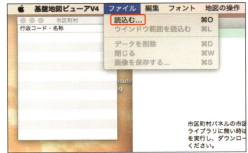

図 2.2.3：表示位置の調整

　メインウィンドウに地図が表示され、市区町村のウィンドウには「13 東京都」と、読み込んだデータに含まれる地域の情報が表示されました（図 2.2.3）。地図画面をドラッグして、地図を作成する吉祥寺を表示します。
　縮尺を変更するには、［地図の操作］メニューを開いて倍率を選ぶか、メニュー内の「その他」を選んで数値を指定します。この作例では「2000 分の 1」に設定しています。

⌘ + R で再描画

　基盤地図ビューアに限らず、地図アプリケーションを使っていると、だんだん表示にズレができてくることがあります。⌘ + R（QGIS では F5 ）で再描画されてきれいになります。

32

このまま PDF を書き出して、あとは Illustrator で力技で修正してもよいのですが、せっかくなので、少し表示設定を調整しましょう（図 2.2.4）。

図 2.2.4：表示色や線幅の調整

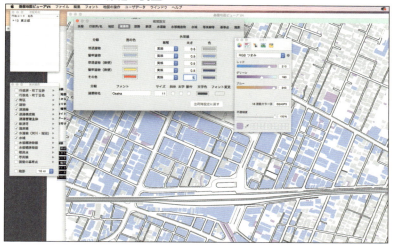

表示／非表示は表示項目のチェックをオン／オフで切り替えられます。基盤地図ビューアの［環境設定］で、地図要素の線幅や色の設定が開きます。道路のタブを開き、道路の色設定を変更してみましょう。どの分類の色をいじればいいかわからない場合は、試しに極端な色に変更すると、対応関係がわかります。設定画面を開いたまま、⌘ + R で地図画面が再描画されるので、適宜確認できます。

色や線幅をあれこれ設定するだけで、かなり雰囲気が変わりますね。使用目的に合った色使いにしてみましょう。

設定できたら、他のアプリケーションに持っていけるように、PDF 形式で書き出しましょう。［ファイル］⇒［画像を保存する］で保存画面を開き、ファイル名を指定して保存します。この章での作業では、保存オプションを変更する必要はありません。

📋 スポイトツールの活用

［環境設定］⇒［色］⇒［カラー］ウィンドウではいろいろな色を設定できますが、スポイトのマークをクリックすると、画面内のあらゆる場所の色設定を吸い取って設定できます。スクリーンショットを保存しておき、スポイトツールを使えば、過去の色設定を再現できます。

※カラーウィンドウで CMYK の色設定を使いたくなりますが、不安定なので、RGB カラーでの作業をおすすめします。

第 2 章　トレース作業なしで地図を作成する【基盤地図ビューア】

Illustrator に読み込む

図 2.3.1：PDF を読み込んですべてをコピー

PDF ファイルを開くとベクターデータとして色も線幅も思いのままに扱える

図 2.3.2：CMYK モードで新規ファイルを作成

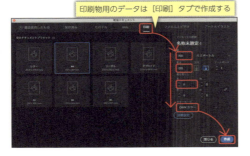

印刷物用のデータは［印刷］タブで作成する

新規のプリント用ファイルの作成

　書き出した PDF を Illustrator で読み込むと図 2.3.1 のように表示され、ベクターデータとして書き出されています。本章では、納品データに仕上げるまでの手順を細かく説明します。

　印刷物用の地図として仕上げる場合、納品データのカラーモードは「CMYK」が基本です。書き出されたファイルは「RGB」モードになっているので、まず全選択（⌘ + Ａ）でコピー（⌘ + Ｃ）して、新規のプリント用ファイルにペーストします。

　［ファイル］⇒［新規］（⌘ + Ｎ）で新規ドキュメントウィンドウを開き、［印刷］タブ ⇒［仕上がりサイズ］を指定して［作成］を押します（図 2.3.2）。作例では、「幅：150mm」「高さ：120mm」「裁ち落とし：0mm」にしています。

📝 **選択解除は ⌘ + Shift + Ａ で！**

　Illustrator で選択を解除するのにはいろいろな方法がありますが、筆者は ⌘ + Shift + Ａ をおすすめしています。3 つのキーを押すので最初はもたつきますが、慣れれば体が反応して素早く解除できます。どんなツールを使っていても OK なのも良いところ。仕事で毎日使う人ほど覚えてほしいショートカットです。

STEP 3　Illustrator に読み込む

図 2.3.3：地図サイズの調整

図 2.3.4：表示位置の調整

　ペースト（⌘ + V）すると、アートボードを大幅にはみ出しているので、拡大縮小ツールで大きさを調整しましょう（図 2.3.3）。ツールパレットの中の拡大縮小ツールを選び、ペーストした地図データを選んだまま（解除してしまった人は ⌘ + A で選び直して）画面内をドラッグすると、拡大縮小できます。この時、Shift を押しながらドラッグしましょう。押さないと、縦横比が変わってしまいます。

　サイズを合わせたら、位置を合わせます。選択ツールに切り替えて、地図をドラッグして位置を調整します（図 2.3.4）。位置が決まったら、⌘ + Shift + A で選択を解除します。あとでサイズや位置を調整するのは大変なので、ここでしっかり範囲を決めておきましょう。

📄 範囲決めは大事！

　地図をひととおり作ってからサイズを変更するのはかなり大変です。特に全体を縮小して広い範囲を見せようとすると、最初に書き出したデータでは足りなくなったりしてものすごい手間がかかることもあります。

　仕事によっては、この段階でメインとなるポイントを配置して、「この範囲で仕上げますよ」とクライアント（発注者）に確認をとることも大事になります。

35

第 2 章　トレース作業なしで地図を作成する【基盤地図ビューア】

STEP 4　地図要素をレイヤーに分配する

　次に、道や線路などの要素をレイヤーに分割します。分けなくても十分な場合もありますが、レイヤーごとに表示／非表示を切り替えたり、他のレイヤーをロックするのに便利です。

　選択ツールを使用して、例えば道のラインをクリックして選びます。選んだ状態で［共通オブジェクトを選択］をクリックすると、色や線幅などが共通の部分（つまり道路の線すべて）が選択できます（図 2.4.1）。

図 2.4.1：道の線をすべて選択する

図 2.4.2：「michi」レイヤーの作成

レイヤーパレット ⇒［新規レイヤーを作成］で、新しいレイヤーの名前を「michi」にします。名前を変えたら Enter で確定します（図 2.4.2）。

図 2.4.3：選んだ線のレイヤー移動

レイヤー 1 の右端に表示されている青い四角をドラッグして、michi レイヤーに移動します（図 2.4.3）。これで、道のラインがまとめて michi レイヤーに分けられました。試しに michi レイヤーの左端にある目玉のマークをクリックすると、道だけが表示／非表示を切り替えられることがわかります。

同じようにして、線路と歩道をそれぞれ「senro」と「hodou」のレイヤーに分けておきます。元のレイヤー 1 を隠すと図 2.4.4 のようになります。建物は後で必要なものだけ拾い出すことにして、先に進みましょう。

あっ、危ない！　アプリケーションが急にダウンしてもいいように、ここらで一度保存しておきましょう。

図 2.4.4：レイヤー分けした道、線路、歩道だけを表示したところ

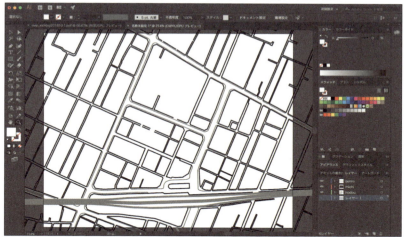

STEP 5 地色をオレンジ系、道を白にする

　ここで作成する地図は、地色をオレンジ系にして、道を白にしたいのですが、道はアウトラインで描かれています。道を白く塗りつぶした状態を見えやすくするために、先に地色を作りましょう。

地色をオレンジ系にする

　レイヤー1を選択して、新規レイヤーを作り、名前を「jiiro」にします（図2.5.1）。

図2.5.1：地色（背景色）用のレイヤーを作る

　長方形ツールを選択して、アートボードサイズより広めにドラッグして四角形を描きます（図2.5.2）。四角形の選択を解除しないまま、カラーパレットで塗りの色を設定します。塗りなしの状態だとCMYKスライダが動かせないので、ひとまず塗りを白に設定してからCMYKを調整します。作例では「C:0」「M:20」「Y:50」「K0」にしました（図2.5.3）。

図2.5.2：

38

STEP 5　地色をオレンジ系、道を白にする

道の色を塗る前にもう1つだけ下ごしらえが必要です。基盤地図情報の道路データは線路や建物の下を通っているところなど、あちこちに隙間があるので、しっかり繋いでおきましょう。特に左下の線路の下の部分は大きく欠けているので、ペンツールで描き足します（この作業は少々面倒です）。描き足しやすいように、線路と歩道のレイヤーを隠し、地色のレイヤーをロックしましょう。ペンツールに切り替えて、途切れている道の端から順にクリックして線をつないでいきます（図 2.5.4 ～図 2.5.6）。まっすぐ繋げばよいだけの場所は、繋ぎたい線を選んで ⌘ + J でまとめてつなぐこともできます。

図 2.5.3：地色の色設定

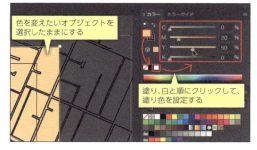

図 2.5.4：作業用の表示設定

図 2.5.5：繋ぎたいパスを選ぶ

図 2.5.6：隙間が繋がった

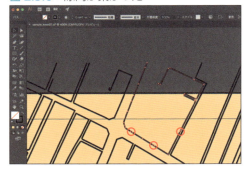

黒を K100 に変える

今回のように、別のアプリケーションで作った PDF からデータを持ってくると、黒が K100 ではなく CMYK の 4 色の混合になってしまいます。印刷用データでは黒い線は K100 にきっちり変更しておくのがプロとして望ましい姿です。

問題にならないことも多いのですが、印刷所から注意が入ることもあります。

なぜそうするのか、詳しくは専門書か Web 検索で勉強しておきましょう。

39

図 2.5.7：michi レイヤーの複製

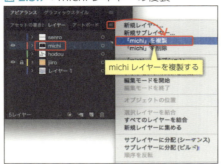

道を白にする

隙間をすべてふさぎ終わったら、レイヤーを複製します。michi レイヤーを複製します（図 2.5.7）。michi のコピーレイヤーを使って、ライブペイントツールで道を塗りつぶすのですが、道の端が隙間のままなので、アートボードを取り囲む四角形を作ります（図 2.5.8）。

図 2.5.8：複製したレイヤーに四角形を作成

図 2.5.9：ライブペイントツールに切り替え

michi の複製レイヤーを Option を押しながらクリックして、道の線と四角形を選びます。その状態で、［シェイプ形成ツール］を長押しして、隠れているライブペイントツールに切り替えます（図 2.5.9）。カラーパレットやスウォッチパレットで塗りたい色（ここでは白）を選び、道のどこかをクリックします。

パスで囲まれた部分が塗りつぶされました（図 2.5.10）。繋がっていない所が残るので、アートボード内の道を順次クリックして塗りつぶしましょう。

STEP 5　地色をオレンジ系、道を白にする

　塗り終わったら［拡張］を押してライブペイントオブジェクトを通常オブジェクトに戻します。⌘＋Shift＋Aで選択を一旦解除し、ダイレクト選択ツールに持ち替え、Optionを押しながら道のパスを2回クリックして選び、deleteで道のパスを削除します。これで、michiのコピーレイヤーには道の白い塗りができました。michiのコピーレイヤーをドラッグして、michiレイヤーの下に移動しておきましょう（図2.5.11）。

図2.5.10：michiの複製レイヤーで道を塗りつぶす

図2.5.11：上下関係の調整

　道の仕上げに、元のmichiレイヤーの線の色と線幅を変更します。michiレイヤーをOptionを押しながらクリックし、パスを「C：0」「M：35」「Y：70」「K：0」「線幅：0.2mm」「角の形状：ラウンド結合」にしておきます（図2.5.12）。地色より少しだけ濃い線にしておくことで見やすくしつつ、上に置いた文字を邪魔しないような設定です。
　少し複雑なように感じますが、慣れればとても簡単なので、最初は手順どおりやってみましょう。

図2.5.12：michiレイヤーの設定

第2章 トレース作業なしで地図を作成する【基盤地図ビューア】

STEP 6 JRの線路を表現する

　線路のレイヤーを表示し、線路を1つ選んで、色と線幅を設定します（図2.6.1）。次に、アピアランスパレットで新規パスを追加します（図2.6.2）。このパスを、元の線より細い白の破線に設定することで、いわゆるJRの線路の記号が表現できます。

図2.6.1：線路の色と線幅を設定

図2.6.2：アピアランスの追加と設定

　これをグラフィックスタイルに登録して、他のパスも破線にしましょう（図2.6.3～図2.6.8）。

図2.6.3：グラフィックスタイルに登録

図2.6.4：他のパスへグラフィックスタイルを適用

42

STEP 7 歩道の色、線幅を設定する

図 2.6.5：線路のアピアランスが設定された　図 2.6.6：パスの切れ目の継ぎ目

図 2.6.7：パスの連結

STEP 7　歩道の色、線幅を設定する

　次は［hodou］レイヤーの色と線幅を設定します。［hodou］を［michi］の上に移動し、Option ＋クリックで［hodou］のすべての要素を選択します。スポイトツールに切り替えて、道のパスをクリックしましょう。選んでいる物の色や線幅が、クリックした物と同じになります。道のラインと差をつけるために「線幅：0.12mm」に変更しておきます（図2.7.1）。

図 2.7.1：hodou レイヤーの設定変更

43

STEP 8 建物を選んでコピーし、色を設定する

　かなり地図らしくなってきました。主要な建物も入れたいので、［jiiro］レイヤーを非表示にし、［レイヤー1］を表示して、大きな建物を選びます。

　選択ツールに切り替えて、Shift を押しながら必要な建物をクリックしていきます（図2.8.1）。選び終わったら、新規レイヤーを作成し、レイヤー名を［tatemono］に変更し、選んだ建物を移動します。建物の色は「C：0」「M：0」「Y：0」「K：15」に変更します。

　［jiiro］レイヤーを表示に、［レイヤー1］を非表示にし、［tatemono］レイヤーを［jiiro］の上に移動します。

　JR吉祥寺駅が描かれていないので、［senro］のレイヤーにペンツールで書き込みます。駅の大体の形が伝われば問題ありません。

　仕上がった部分が動いてしまわないように、レイヤーをロックしておきましょう（図2.8.2、図2.8.3）。

図2.8.1：建物を選んでレイヤー分けする

図2.8.2：吉祥寺駅の形を描く

図2.8.3：仕上がったレイヤーをロック

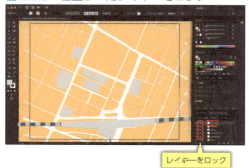

STEP 9 主要施設の文字を入れる

新しいレイヤーを作成し、[moji]と名前をつけておきます。文字ツールに切り替えて、文字を入れたい位置をクリックします（図 2.9.1）。仮の文字が表示されるので、そのままビル名をタイプします（図 2.9.2）。ここで、⌘ + Shift + C を押して、文字揃えを中央揃えにしておきます（文字サイズが変わった時に調整が少なくて済みます）。

図 2.9.1：moji レイヤーを作成

図 2.9.2：ビル名を入力

そのまま（⌘ + A）で文字全体を選択して、「文字サイズ：12Q」に変更します。文字の詰まり具合についての設定もしておきましょう。コントロールバーの［文字：］をクリックし、文字間のカーニングを［自動］に設定します（図 2.9.3）。［段落］の文字組みは［なし］に設定します（図 2.9.4）。地図のように不規則に文字を配置する場合、この設定にすることで、かなやアルファベットの文字間隔が詰まって、見やすく引き締まった印象になります。

図 2.9.3：文字設定を調整

図 2.9.4：段落設定を調整

しっかり設定した文字ができたら、それを Option +ドラッグでコピーして、ダブルクリック ⇒ ⌘ + A で文字を全選択し、打ち変えていきましょう（図 2.9.5）。ひととおり文字を打ち終わったのが図 2.9.6 の状態です。

図 2.9.5：文字オブジェクトを複製

図 2.9.6：主要施設名を入れ終わったところ

STEP 10 補足の駅名を調整し、路線名・通り名を入れる

図 2.10.1：行送りの調整

kirarina は井の頭線の駅でもあるので、表記したいですが、行間が空きすぎています。[文字:]の中にある行送りを 12H に設定しましょう（図 2.10.1）。さらに、文字ツールで「（井の頭線吉祥寺駅）」を選んで文字サイズを 10Q に変更します。次は路線名・通り名です。施設の名前を 1 つコピーして、フォントを変更します（図 2.10.2）。

文字を選んだ状態でコントロールバーのフォント名横の[v]をクリックして［小塚明朝 Pr6N］に変更します（図 2.10.3）。

図 2.10.2：補足文字のサイズを小さくする

図 2.10.3：文字を複製してフォントを変える

建物と同じように Option ＋ドラッグでコピーし、ダブルクリックして打ち変えていきますが、通りの名前は通りに沿って角度を変えたいので、回転ツール（R）で角度を調整しましょう（図 2.10.4）。

図 2.10.4：通り名を回転させて角度を合わせる

縦書きに変更するには、変更したい文字を選んで［書式］⇒［組み方向］⇒［縦組み］を選択します（図 2.10.5）。

主要な通り名を入れたら、ベースとなる地図の完成です。

図 2.10.5：文字オブジェクトを縦組みに変更

STEP 11 紹介ポイントを作成する

いよいよ、メインとなる紹介ポイントを入れていきましょう。

楕円形ツール（L）で Shift を押しながらドラッグすると円が描けます（図 2.11.1）。お店の位置に円を描いたら、文字をドラッグコピーして、店名に打ち変えます。フォントは［小塚ゴシック Pr6N B］に、フォントサイズは「12Q」に変更します。選択ツールで円と文字を選んで、色を「C：0」「M：80」「Y：100」「K：0」に変更します（図 2.11.2）。

これをドラッグでコピーして、必要な紹介ポイントを入れていきます。

図 2.11.1：紹介ポイントのマークを作成する

図 2.11.2：文字をコピーして店名を作成し、色調整する

STEP 12 見出しを作り、出所を明示する

　紹介ポイントを入れ終わったら、見出しを作ります。紹介ポイントはジャンルによって色分けをしたので、タイトルの下に凡例も作成しました（図2.12.1）。

図2.12.1：

　また、元になった地図の出所を明示するのを忘れないようにしましょう。ここでは右下に小さく入れましたが、場合によって、欄外に入れてもらうよう、編集者やデザイナーに依頼してもよいでしょう。なお、仕上がってみて、地色がちょっと濃すぎると感じたので、最後に「C：0」「M：15」「Y：40」「K：0」に変更しました。

　アートボードからはみ出している部分を隠す処理をしていませんが、InDesignに貼り込む時に適切に設定すれば問題ありませんし、PDFや画像に書き出す時にもアートボードサイズで書き出すよう設定すればよいでしょう（図2.12.2、図2.12.3）。

図2.12.2：

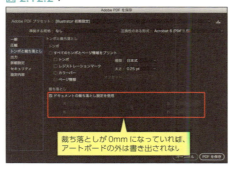

図2.12.3：

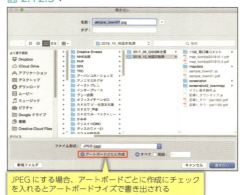

応用 ① 大規模な公園の案内図を作成する

大規模な公園の案内図を作成する

ここまで説明した手順とほとんど同様に、葛西臨海公園（東京都江戸川区）の地図を作成してみます。大規模な公園の案内図を作成する機会は多いですが、歩道が入り組んでいて、きちんと書き込もうとすると時間がかかってしまいます。

図 2.13.1：地図データのダウンロード

地図データをダウンロードする

基盤地図情報の基本データにはかなり丁寧に公園内の歩道が描かれているので、積極的に使っていきましょう。まずは、基盤地図情報の基本データを図 2.13.1 のように該当の 1 箇所だけダウンロードしましょう。

図 2.13.2：範囲と表示項目を設定

基盤地図ビューアで PDF ファイルを書き出す

基盤地図ビューアに読み込んで大まかに範囲を決めたら、「建物」「道路縁」「鉄道等」「水域」だけを表示して（図 2.13.2）、［ファイル］⇒［画像を保存する］で PDF ファイルとして書き出します（図 2.13.3）。

図 2.13.3：PDF ファイルを書き出す

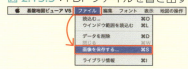

図 2.13.4：Illustrator で調整したところ

Illustrator で調整する

Illustrator に読み込んだ後の作業は吉祥寺の地図と同じです。共通オブジェクトを選んでレイヤー分けし、道や歩道のパスの隙間を繋いで、塗り分けします。また、線路と高速道路はシンプルに書き直し、向きは葛西臨海公園駅を中心に考えて回転させました（図 2.13.4）。

51

全体的に平坦すぎる印象になったので、海と陸の境界に濃淡をつけて立体感を加えます。海を選び、塗りのアピアランスに［効果］⇒［スタイライズ］⇒［光彩（内側）］で陰影を設定します（図 2.13.5 ～図 2.13.7）。

図 2.13.5：海に立体感を加える

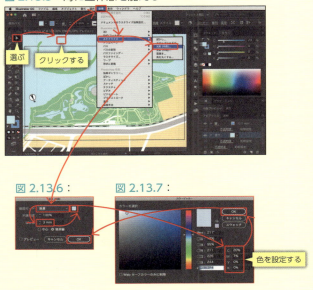

完成

　文字やポイントを加えて完成です（図 2.13.8）。元データの出典も忘れずに表記しましょう。

図 2.13.8：文字、ポイントを加えて完成

応用 ② 文庫本用のモノクロ地図を作成する

文庫本用のモノクロ地図を作成する

　画面がカラフルなのでイメージしにくいですが、黒一色刷りの地図でも使えます。もう1つの応用例として、文庫本に掲載された地図を紹介します。

地図データをダウンロードする

　ダウンロードする基盤地図情報のデータは京都のど真ん中です（図 2.14.1）。

図 2.14.1：地図データのダウンロード

基盤地図ビューアで PDF ファイルを書き出す

　基盤地図ビューアで読み込みます。使用するのは、道路縁と水域のみで、それ以外を非表示にして、PDF ファイルに書き出します（図 2.14.2）。

図 2.14.2：範囲と表示項目を設定して PDF に

53

Illustratorで調整する

Illustratorで読み込んだら、共通オブジェクトを選択してレイヤー分けし、線の色や線幅を設定します。線が多すぎるので、細かな路地などは適宜消去しています（図2.14.3）。

図2.14.3：共通オブジェクトを選択してレイヤー分け

図2.14.4：

竜巻発生地点の拡大図（現在の地図上）

『方丈記』（著：鴨 長明　訳：蜂飼 耳　光文社 古典新訳文庫）
この地図は国土地理院の基盤地図情報を利用して作成後、加工したものです。

完成

川は線が複雑すぎるので消去してシンプルに書き直しました。地下鉄を加え、文字とポイントを加えて完成です（図2.14.4）。

この例のように道路縁をそのまま使えると、作業はとても早く済みます。一から描くとなったら、簡略化したとしてもこの方法より時間がかかってしまうのは明らかです。

第３章
地形入りタウンマップを作成する
【基盤地図ビューア】

地形入りのタウンマップは城下町や城址公園を表現するのに最適です。ただし、標高データを変換して色で表現するにはテクニックも必要です。本章でも作成しながら覚えましょう！

第3章　地形入りタウンマップを作成する【基盤地区ビューア】

STEP 1　地図データをダウンロードする

図 3.1.1：基盤地図情報ダウンロードサービス

地形入りの地図作成で使うアプリケーションは、第2章と同じ「基盤地図ビューア」です。

作成するエリアが異なるので、再度、基盤地図情報ダウンロードサービスのWebサイト（図 3.1.1）に接続してダウンロードしましょう。

まず基本項目の［ファイル選択へ］を選び、目的の範囲を拡大します。必要な範囲の中央の数字をクリックすると、選択リストに登録されていきます（図 3.1.2 ～ 図 3.1.3）。

基本項目の範囲を選び終わったら、DEM のタブに切り替えて、同じ範囲を再度クリックして選び、ダウンロード画面に進みます（図 3.1.3 ～ 図 3.1.5）。ログイン画面が出てくるので、第1章で登録した ID とパスワードでログインし、表示された場合はアンケートに答えてダウンロードします（図 3.1.6 ～ 図 3.1.8）。

図 3.1.2：目的の範囲を拡大

図 3.1.3：必要な範囲を選択して DEM に切り替え

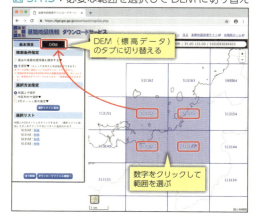

STEP 1　地図データをダウンロードする

図 3.1.4：同じ範囲を選ぶ

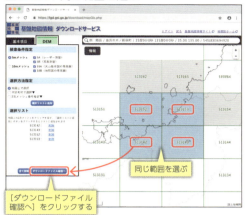

図 3.1.5：すべてチェックしてダウンロード

図 3.1.6：ログイン画面

図 3.1.7：アンケートに答える

図 3.1.8：[OK] を押してダウンロード

第3章　地形入りタウンマップを作成する【基盤地図ビューア】

　ダウンロードしたファイルを、移動しなくてよい場所に、わかりやすい名前で保存して解凍します。解凍してできたフォルダの中にさらに ZIP ファイルがあるので、まとめて選んで右クリックし、［開く］で解凍しましょう（図 3.1.9 ～図 3.1.11）。

図 3.1.9：わかりやすい名前のフォルダに保存

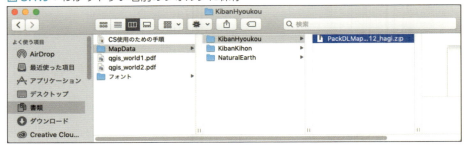

図 3.1.10：解凍したファイル内の ZIP をまとめて解凍

図 3.1.11：解凍し終わった状態

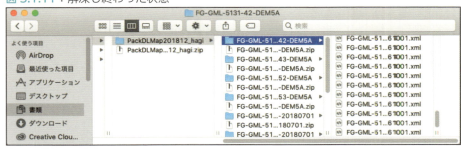

58

STEP 2 標高データを変換する

図 3.2.1：初回起動時の確認画面

図 3.2.2：アプリの初期画面

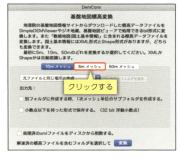

ダウンロードしたデータをそのまま読み込めればよいのですが、標高データはそのまま読み込めません。第1章（P.16）で準備した「基盤地図標高変換」を使って変換しましょう。

起動すると図 3.2.1 のように聞かれる場合がありますが、問題ありませんので［開く］を選択して図 3.2.2 を表示します。図 3.2.3 のように［5m メッシュ］で設定して［変換］を押します。先ほど解凍したファイル群が入っているフォルダを指定して、下の階層まで読み込む設定にチェックを入れて［開く］を押します（図 3.2.4、図 3.2.5）。

進行状況のバーが消えたら作業完了です（図 3.2.6）。各フォルダ内には、変換された bil ファイルや hdr ファイルが生成されています。

これで変換は終了です。「基盤地図標高変換」を終了して次に進みましょう。

図 3.2.3：変換方法の設定

図 3.2.4：変換したデータの保存場所を設定

図 3.2.5：元データを選んで変換

図 3.2.6：変換中の画面

59

第3章 地形入りタウンマップを作成する【基盤地図ビューア】

STEP 3 基盤地図ビューアにデータを読み込む

図3.3.1：基盤地図ビューアを起動

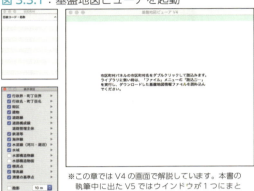

※この章ではV4の画面で解説しています。本書の執筆中に出たV5ではウインドウが1つにまとまっていますが、操作は同じです。

基盤地図ビューア（図3.3.1）を起動したら、[ファイル]⇒[読込む]で地図データを読み込みます（図3.3.2）。フォルダは先ほどダウンロードしたファイルの親フォルダを指定します（図3.3.3）。メインウィンドウが真っ青になってしまいますが（図3.3.4）、[地図の操作]⇒[1/10万]とすると地図が表示されます（図3.3.5）。

図3.3.2：基本情報の読み込み

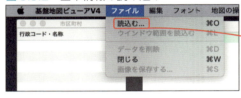

図3.3.3：元データの親フォルダを選んで読み込む

図3.3.4：縮尺を変更する

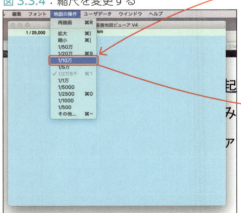

図3.3.5：陸地が画面内に入ってくる

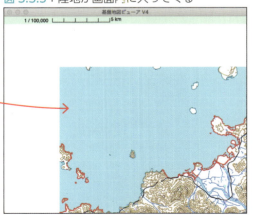

STEP 3 　基盤地図ビューアにデータを読み込む

図 3.3.6：環境設定を開く

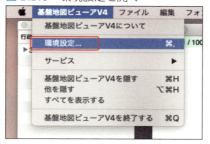

続いて、地形データを読み込むには、環境設定の［陰影］タブを開き、地形を変換したフォルダを設定します（図 3.3.6 〜 図 3.3.8）。表示項目ウィンドウの一番下の［陰影］にチェックを入れ、「5m」に設定すると陰影が表示されます（図 3.3.9、図 3.3.10）。

図 3.3.7：陰影タブでデータの場所を設定 　　図 3.3.8：変換したデータのあるフォルダを選択

図 3.3.9：陰影を表示する設定

図 3.3.10：陰影が表示された

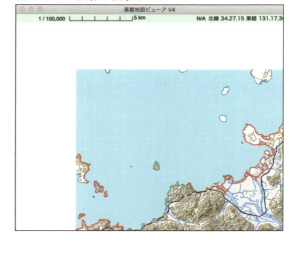

61

第 3 章　地形入りタウンマップを作成する【基盤地図ビューア】

表示設定を変更する

　タウンマップを作成するために、表示項目を設定します。そして、範囲を検討するために表示倍率を変更します。［地図の操作］の一番下にある［その他］を選ぶと、細かく縮尺を変更できます。ここでは「3000 分の 1」に設定しました（図 3.4.1 〜図 3.4.3）。

図 3.4.1：表示項目　　図 3.4.2：　　　　　図 3.4.3：3000 分の 1 に設定

図 3.4.4：表示範囲の調整

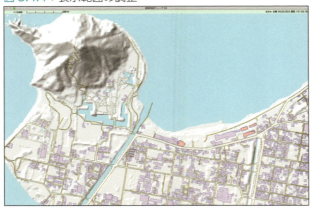

　メインウィンドウのサイズを調整すると図 3.4.4 のようになります。地図画面内をドラッグして移動していると、道路などの線が太って見えてくることがあります。そのような場合は ⌘ ＋ R で再描画するときれいになります。

　大体の範囲が決まったら、陰影の色を設定します。環境設定の［陰影］タブで設定します。先に各標高の色を大まかに決めてから、色の境界になる標高の数値を変えていくと良いでしょう（図 3.4.5 〜図 3.4.7）。

STEP 4　表示設定を変更する

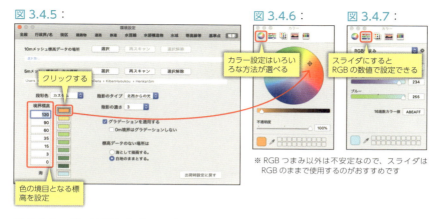

図 3.4.5：
図 3.4.6：
図 3.4.7：

図 3.4.8：別の地図を作成した際のスクリーンショットを利用

　この地形の色は Illustrator では調整できないので、ここでていねいに設定します。環境設定を開いたままでも、⌘ + R で地図が再描画されて、調整した色が反映されます。また、過去に作成した地図の設定をスクリーンショットしておけば、スポイトで色を吸い取ることもできます（図3.4.8）。

　なお、道の色は Illustrator でも調整できるので、ここでは大まかに設定しておいてもよいでしょう（図 3.4.9、図 3.4.10）。

図 3.4.9：道の色と太さの設定　　図 3.4.10：地形の色と道の色が設定できた

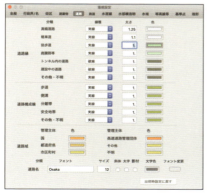

第3章　地形入りタウンマップを作成する【基盤地図ビューア】

STEP 5　PDF に書き出す

　再び縮尺を変更して、1000分の1の表示に切り替えます（図 3.5.1、図 3.5.2）。これは、基盤地図ビューアの書き出しが 72dpi にしか対応していないので、ズームした状態で書き出して、Illustrator 上で縮小して解像度を高めるためです。

図 3.5.1：縮尺変更

図 3.5.2：中心部が拡大された

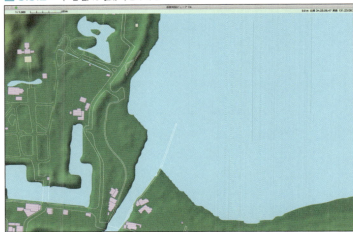

　ファイルメニュー ⇒［画像を保存する］で、「ファイル名」「ピクセルサイズ」などを設定します（図 3.5.3）。4200 × 3000 ピクセルほどなら、A4 サイズでの印刷に十分な解像度が得られます（図 3.5.4）。

図 3.5.3：PDF 書き出し

図 3.5.4：PDF の設定例

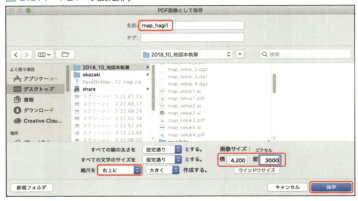

STEP 6 Illustrator で読み込む

図 3.6.1：PDF の読み込み

作成した PDF ファイルを Illustrato で開きます（図 3.6.1）。

基盤地図ビューアで作成した PDF は RGB モードになっています。

図 3.6.2：印刷用の新規ファイルの設定例

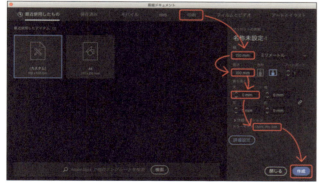

印刷用データを作る場合は、［全選択］⇒［コピー］⇒［CMYK］で［新規ファイル］⇒ ペーストでRGBでの作業を終了します（図 3.6.2）。アートボードサイズは横：150mm × 縦：100mm にしました。

図 3.6.3：アートボードに収まるように縮小

ペーストしたら縮小して、アートボードに収まるように位置を調整します（図 3.6.3）。

第3章　地形入りタウンマップを作成する【基盤地区ビューア】

STEP 7　道などのアピアランスを調整する

　第2章（P.36）と同じように、［共通オブジェクトを選択］を使ってレイヤー分けをします（図3.7.1、図3.7.2）。

　道の色や線幅を改めて調整してもよいでしょう。特に線端の形状や角の形状は丸くしておくほうが、寄って見たときの仕上がりが綺麗です。

図3.7.1：共通オブジェクトを選択してレイヤー分けする

図3.7.2：アピアランスを微調整する

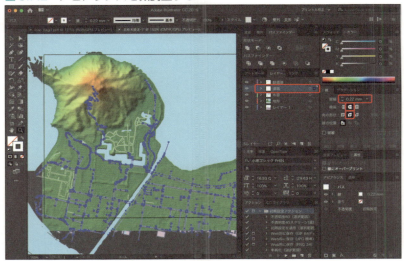

66

STEP 8 文字やポイントを加えて仕上げる

紹介する文字やマークを入れていきます。

地形の色が濃いので、文字には白縁をつけて、線の不透明度を 60% にする処理を加えています（図 3.8.1）。文字の縁を広く濃くしすぎると地形が隠れてしまいますし、細く薄くしすぎれば読みにくくなってしまうので、バランスが難しいところです。

図 3.8.1：フチ文字のアピアランス調整

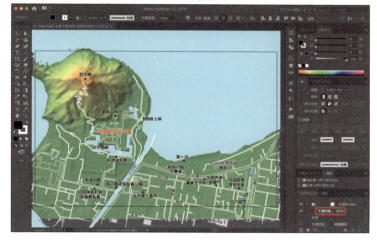

完成した地図は図 3.8.2 のようになります。

図 3.8.2：完成した萩城跡と城下町のタウンマップ

※国土地理院の基盤地図情報を使用して株式会社ウエイドが作成。

第3章　地形入りタウンマップを作成する【基盤地図ビューア】

応用① **城址公園の地図を作成する**

図 3.9.1：ダウンロードする範囲の設定

本章で紹介している地形入りタウンマップは、城下町や城址公園の地図ととても相性がよいので、もう1つの事例を紹介します。

横浜市にある小机城址は、「続日本100名城」にも数えられ、首都圏で日帰りできる城址として年々人気が高まっています。基盤地図情報のメッシュ番号は「533924」です。基本情報を選んだら、DEMタブに切り替えて同じ位置をクリックして一度にダウンロードしましょう（図 3.9.1、図 3.9.2）。

ダウンロードしたファイルを解凍したら、本章のStep2（P.59）と同様に「基盤地図標高変換」を使って標高変換をします。

図 3.9.2：標高データも同範囲を指定

図 3.9.3：色調整前の状態

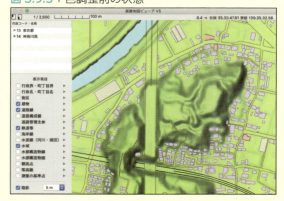

基盤地図ビューアに読み込んで範囲調整をすると図 3.9.3 のようになります。標高40mほどの平山城なので、標準のままでは今ひとつ、存在感が足りません。

応用 ① 城址公園の地図を作成する

図 3.9.4：陰影を丁寧に調整する

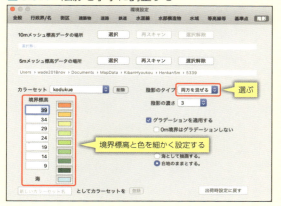

ここであきらめず、パレットを細かく調整することで、地形がはっきりとして存在感が増してきます。空堀がどのように通っているかもよくわかります（図 3.9.4 〜図 3.9.6）。

図 3.9.5：縮尺を変更

このまま書き出すと解像度が足りないので、［地図の操作］⇒［その他］で縮尺を 1/1200 に設定します（図 3.9.5）。

図 3.9.6：中心部が拡大される

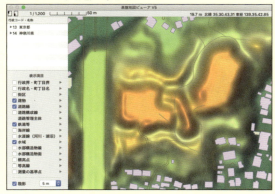

画像の書き出しで、横：2000 ×縦：1200 に設定して書き出します（表示範囲外を含んで書き出されます）。あとは基本の作例と同じように Illustrator で調整するだけです。

　この地図に地形がなかったら、古城の様子はまったくイメージできないと思います。ぜひいろいろな城の地形で試してみてください。

図 3.9.7：PDF の書き出し設定

図 3.9.8：完成した小机城址公園の地形入り地図

※「基盤地図情報」（国土地理院）（https://fgd.gsi.go.jp/download/menu.php）を使用して株式会社ウエイドが作成

| 第4章 |

遠近感のある地形図を作成する
【ジオ地蔵】

山間部のマップなど遠近感のある地形図はいろんな場面で重宝されます。本章では標高データを変換するだけでなく、細かな調整方法なども紹介します。

第4章　遠近感のある地形図を作成する【ジオ地蔵】

STEP 1　地形データをダウンロードする

図 4.1.1：基盤地図情報ダウンロードサービス

ジオ地蔵はいろいろな地形データを読み込めますが、国内の詳細な地形は国土地理院の基盤地図情報を使うと、きれいに仕上げられます。

基盤地図情報ダウンロードサービスのWebサイト（図 4.1.1）に接続して、数値標高モデルの［ファイル選択へ］をクリックします。数字をクリックして必要な範囲を選んで、ダウンロードページに進み、「全てチェック」して「まとめてダウンロード」します（図 4.1.2 〜 図 4.1.4）。ログインウィンドウが出たら、準備で登録したアカウントでログインします。

図 4.1.2：

図 4.1.3：必要な範囲を選択

図 4.1.4：まとめてダウンロード

ダウンロードしたファイルは移動しなくてよく、わかりやすい場所に保存して解凍します。中にさらに ZIPzip ファイルがあるので、これらもダブルクリックして解凍しておきます（図 4.1.5）。

図 4.1.5：ZIP ファイルの解凍

72

STEP 2 標高データを変換する

図 4.2.1：初回起動時の警告

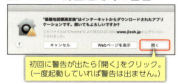

初回に警告が出たら「開く」をクリック。
(一度起動していれば警告は出ません。)

図 4.2.2：基盤地図標高変換の画面

図 4.2.3：変換方法の設定

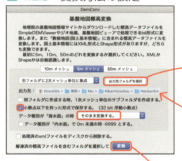

標高データはそのままではジオ地蔵に読み込めないので、第 3 章（P.59）と同様に「基盤地図標高変換」を使って標高変換をします。

起動すると図 4.2.1 のように聞かれる場合がありますが、問題ありませんので［開く］を選択して図 4.2.2 を表示します。

図 4.2.3 のように［5m メッシュ］で設定して［変換］を押します。先ほど解凍したファイル群が入っているフォルダを指定して、下の階層まで読み込む設定にチェックを入れて［開く］を押します（図 4.2.4、図 4.2.5）。

進行状況のバーが消えたら作業完了です（図 4.2.6）。各フォルダ内には、変換された bil ファイルや hdr ファイルが生成されています。

これで変換は終了です。「基盤地図標高変換」を終了して次に進みましょう。

図 4.2.4：変換したデータの保存場所を設定

図 4.2.5：元データを選んで変換

図 4.2.6：変換中の画面

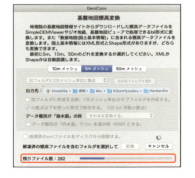

第4章　遠近感のある地形図を作成する【ジオ地蔵】

STEP 3　標高データを読み込む

図 4.3.1：初回起動時の警告

ジオ地蔵を起動しましょう。初回だけ、警告が出て起動できない場合は、アプリケーションのアイコンを右クリックして「開く」を選びます（図 4.3.1）。

図 4.3.2 は起動したばかりで地形データがないと、メイン画面には文字が表示されるだけです。書いてあるとおり、［ファイル］⇒［読み込む］で、地形データを読み込みましょう（図 4.3.3、図 4.3.4）。

図 4.3.2：ジオ地蔵初回起動時の画面

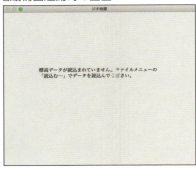

図 4.3.3：標高データの読み込み

図 4.3.4：変換済み標高データのフォルダを開く

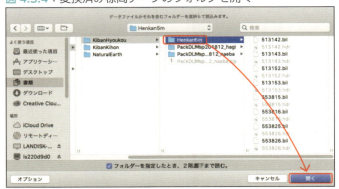

74

図 4.3.5：読み込み直後の画面の例

第3章を先に練習し、標高変換の保存先を同じフォルダにしていた場合など、他の地域も一緒に読み込まれるため、目的の範囲と大きく離れた地域が表示されることがあります（図 4.3.5）。

図 4.3.6：苗場周辺が中心にくるように移動

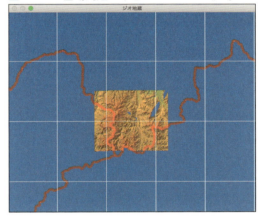

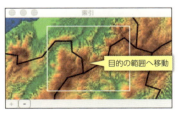

地図ウィンドウ内をドラッグして、苗場周辺を表示します（図 4.3.6）。

索引ウィンドウ内の白い四角形をドラッグすることでも、表示範囲を移動できるので、大きく移動させたい時はこちらも使うと早く目的の範囲にたどりつけます。

第4章　遠近感のある地形図を作成する【ジオ地蔵】

STEP 4　作成する範囲を決める

図 4.4.1：

図 4.4.2：矩形範囲を選択開始

　表示の拡大（⌘ +]）、縮小（⌘ + [）でほどよい範囲を表示します。
　正直なところ、地形だけでは位置がよくわからないので、［その他のデータ］⇒［地理院地図を描画］として、地図を合成表示します（図 4.4.1）。地名や道が表示されるだけでも位置関係の把握がかなり楽になります。

　ここで地図画面内を右クリックして［矩形範囲を選択］を選び（図 4.4.2）、必要な範囲を囲みます（図 4.4.3）。表示された四角形のラインをドラッグすれば、広げたり狭めたりできます。この時点では二居ダムやドラゴンドラの山頂駅を入れるかもと想定していたので、かなり広めに範囲を決めています。大体の範囲を決めたら、［ツール］⇒［鳥瞰図を作成］で、図 4.4.4 のように設定して［作成］を押すと、鳥瞰図が作成されます（図 4.4.5）。
　ここで範囲や角度を微調整しながら何度も作成して、構図をしっかり検討します。

図 4.4.3：必要な範囲を囲む

図 4.4.4：鳥瞰図ツールの設定中の画面

図 4.4.5：何度も作成して構図を検討する

STEP 5 色分け設定をする

次はパレットの調整です。

［カラーセットを編集］で画面を開き、色分けの境界の標高数値と、色を変更していきます（図 4.5.1 ～図 4.5.4）。

ここも面倒ですが、ていねいに設定すると見栄えがさらに良くなるところなので、再描画と調整を繰り返し、さらに鳥瞰図を作成しながら、しっかり設定しましょう。仕上がったパレットはカラーセットとして保存しておけるので、名前をつけて保存しておきます。

最後にもう一度鳥瞰図を作成しますが、スケールを 333％ にして、名前を付けて保存します（図 4.5.5、図 4.5.6）。これで、ジオ地蔵での作業は終了です。

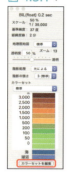

図 4.5.1：

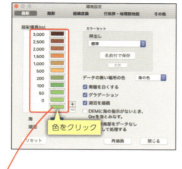

図 4.5.2：カラーセットの編集画面

図 4.5.3：カラー選択

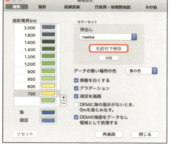

図 4.5.4：カラーセットの保存

図 4.5.5：

図 4.5.6：鳥瞰図を保存

第4章　遠近感のある地形図を作成する【ジオ地蔵】

Photoshop で河川部分を着色する

　ジオ地蔵で作成した鳥瞰図は河川部分が真っ黒になっているので、Photoshop で開いて調整しましょう。

　自動選択ツールで、黒い部分を選んで、［編集］⇒［塗りつぶし］で「C：20％」くらいで塗りつぶします（図 4.6.1 ～図 4.6.7）。黒いドットが残ってしまったら、その部分を選んで何度か繰り返してきれいにします。

　断面部分も水色になってしまいます。断面を見せるかどうか決めていないので、念のため、ここだけ選んで黒く塗り直しておきました。このとき、自動選択ツールの［隣接］の外してあったチェックを入れています。

　最後に、別名で保存して Photoshop での調整を終了します。

図 4.6.1：Photoshop で開く

図 4.6.2：河川部の選択

図 4.6.3：

図 4.6.4：
塗りつぶす

図 4.6.5：

図 4.6.6：断面部分も着色された

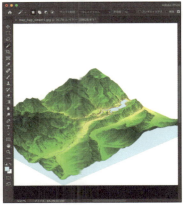

図 4.6.7：断面を黒に戻す

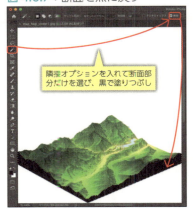

紙面版 電脳会議 一切無料

今が旬の情報を満載してお送りします！

『電脳会議』は、年6回の不定期刊行情報誌です。A4判・16頁オールカラーで、弊社発行の新刊・近刊書籍・雑誌を紹介しています。この『電脳会議』の特徴は、単なる本の紹介だけでなく、著者と編集者が協力し、その本の重点や狙いをわかりやすく説明していることです。現在200号に迫っている、出版界で評判の情報誌です。

毎号、厳選ブックガイドもついてくる!!

『電脳会議』とは別に、1テーマごとにセレクトした優良図書を紹介するブックカタログ（A4判・4頁オールカラー）が2点同封されます。

電子書籍を読んでみよう！

| 技術評論社　GDP | 検索 |

と検索するか、以下のURLを入力してください。

https://gihyo.jp/dp

1 アカウントを登録後、ログインします。
　【外部サービス(Google、Facebook、Yahoo!JAPAN)
　でもログイン可能】

2 ラインナップは入門書から専門書、
　趣味書まで1,000点以上！

3 購入したい書籍を  に入れます。

4 お支払いは「PayPal」「YAHOO!ウォレット」にて
　決斉します。

5 さあ、電子書籍の
　読書スタートです！

● **ご利用上のご注意**　当サイトで販売されている電子書籍のご利用にあたっては、以下の点にご注
■ **インターネット接続環境**　電子書籍のダウンロードについては、ブロードバンド環境を推奨いたします。
■ **閲覧環境**　PDF版については、Adobe ReaderなどのPDFリーダーソフト、EPUB版については、EP
■ **電子書籍の複製**　当サイトで販売されている電子書籍は、購入した個人のご利用を目的としてのみ、閲
　ご覧いただく人数分をご購入いただきます。
■ **改ざん・複製・共有の禁止**　電子書籍の著作権はコンテンツの著作権者にありますので、許可を得な

Software Design WEB+DB PRESS も電子版で読める

電子版定期購読が便利！

くわしくは、
「Gihyo Digital Publishing」
のトップページをご覧ください。

電子書籍をプレゼントしよう！🎁

Gihyo Digital Publishing でお買い求めいただける特定の商品と引き替えが可能な、ギフトコードをご購入いただけるようになりました。おすすめの電子書籍や電子雑誌を贈ってみませんか？

こんなシーンで…　●ご入学のお祝いに　●新社会人への贈り物に　……

●ギフトコードとは？　Gihyo Digital Publishing で販売している商品と引き替えできるクーポンコードです。コードと商品は一対一で結びつけられています。

くわしいご利用方法は、「Gihyo Digital Publishing」をご覧ください。

のインストールが必要となります。
を行うことができます。法人・学校での一括購入においても、利用者1人につき1アカウントが必要となり、
の譲渡、共有はすべて著作権法および規約違反です。

電脳会議 紙面版
新規送付のお申し込みは…

ウェブ検索またはブラウザへのアドレス入力の
どちらかをご利用ください。
Google や Yahoo! のウェブサイトにある検索ボックスで、

電脳会議事務局 検索

と検索してください。
または、Internet Explorer などのブラウザで、

https://gihyo.jp/site/inquiry/dennou

と入力してください。

「電脳会議」紙面版の送付は送料含め費用は一切無料です。
そのため、購読者と電脳会議事務局との間には、権利&義務関係は一切生じませんので、予めご了承ください。

技術評論社　電脳会議事務局
〒162-0846　東京都新宿区市谷左内町21-13

STEP 7　Illustrator に読み込んでトリミングを検討する

図 4.7.1：印刷用新規ファイルの設定例

Illustrator で新規ファイルを印刷用として作成します（図 4.7.1）。

まず適当な名前を付けて保存しておきましょう（図 4.7.2）。先ほど保存した地形画像をドラッグ＆ドロップするか、［ファイル］⇒［配置］で配置します。大きすぎるので、画像を選んだ状態で拡大縮小ツールをダブルクリックして、20％に縮小します（図 4.7.3）。

図 4.7.2：すぐにファイル名をつけて保存

図 4.7.3：画像の配置とサイズ調整

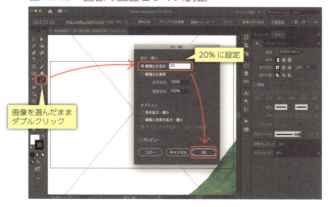

第 4 章　遠近感のある地形図を作成する【ジオ地蔵】

図 4.7.4：主要なポイントを入れて構図検討

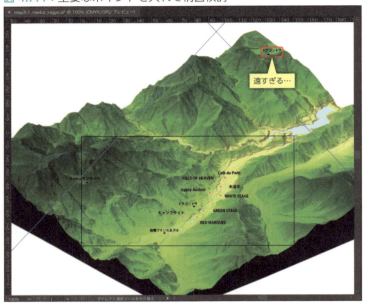

その状態で、フジロック・フェスティバルのステージを、大まかに配置します。ドラゴンドラの山頂側の端まで入れたくて書き出し範囲を決めたのですが、あまりにも離れていることがわかります（図 4.7.4）。

図 4.7.5：道や川を描き足す

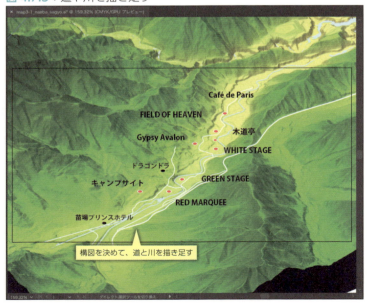

あきらめて、主要ステージの位置関係ができるだけわかりやすいよう構図を決めます。いろいろな地図や資料を見比べながら、わかる範囲で道や川を描き足します（図 4.7.5）。

STEP 8　Illustrator 上で整える

図 4.8.1：ステージ名を強調文字のフチラインだけをぼかす

およその構図が決まったら、色やフォントや文字サイズを調整して飾り付けていきます。

メインとなるステージ名は吹き出しで強調しました（図 4.8.1）。吹き出し部分はグループにしてから［効果］⇒［スタイライズ］⇒［光彩（外側）］で影を付にています（図 4.8.2）。

道路やその他の施設名称には白いラインを付けて、ラインだけに「ぼかし」のアピアランスを加えています（図 4.8.3）。もちろんデータの出典も、忘れずに表示しましょう（図 4.8.4）。

図 4.8.2：吹き出しに影を付ける

図 4.8.3：文字のフチラインだけをぼかす

図 4.8.4：タイトルと出所表記を加えて完成

第4章 遠近感のある地形図を作成する【ジオ地蔵】

高尾山の鳥瞰図を作成する

地形データをダウンロードする

次は、都心から日帰り可能で気軽に登山が楽しめると人気の高尾山の登山ルートを鳥瞰図で作成してみましょう。

ダウンロードするのは図 4.9.1 のように東京都八王子市の南部です。ダウンロードしたファイルは「基盤地図標高変換」で変換します。手順はこの章の Step1、Step2 を参考にしてください。

図 4.9.1：この作例で使用するデータ

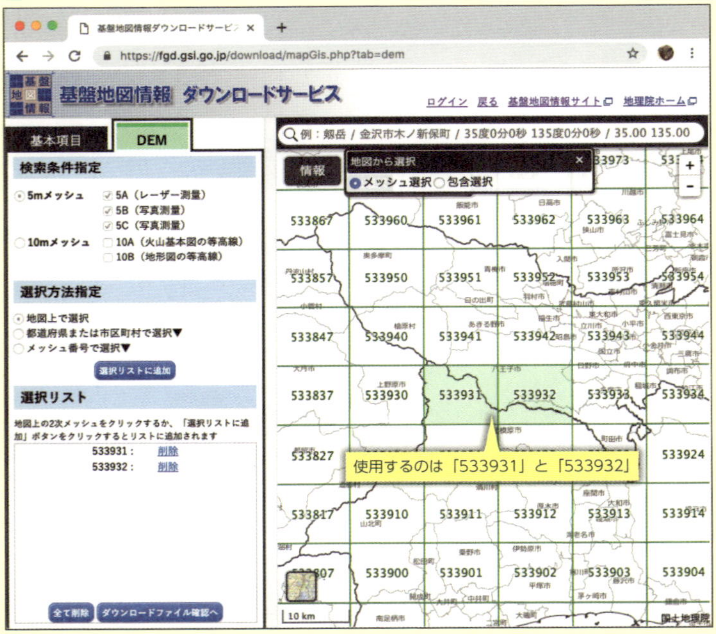

ジオ地蔵に読み込む

ジオ地蔵を起動して［ファイル］⇒［読み込む］で変換したデータをジオ地蔵に読み込みます。どこを見ているかわかるように［その他のデータ］⇒［地理院地図を描画］にチェックを入れて、高尾山を探します。

地図画面内を右クリック ⇒［矩形領域を選択］で書き出す範囲を決めます（図 4.9.2）。高尾山口駅から山頂へのルートがわかるように意識しつつ、広めに囲みます（図 4.9.3）。

図 4.9.2：矩形領域を選択

図 4.9.3：枠をドラッグして範囲調整

鳥瞰図の範囲を調整する

［ツール］⇒［鳥瞰図を作成］で鳥瞰図を表示させながら、範囲や視線の方向や俯角を調整します（図 4.9.4 〜 図 4.9.5）。

図 4.9.4：鳥瞰図ツールの設定の様子

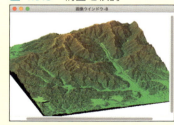

図 4.9.5：構図を検討

カラーセットを調整する

範囲が決まったら、地理院地図の表示をオフにして、カラーセットを調整します（図4.9.7）。

ここでは標準カラーを元にして、緑が少し濃く見えるようにし、境界の標高を調整して、山頂付近だけが黄色っぽく見えるようにしました（図4.9.8）。

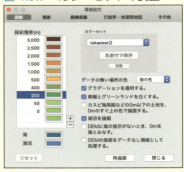

図4.9.7：カラーセットの調整

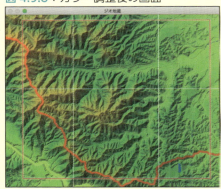

図4.9.8：カラー調整後の画面

高解像度の画像を作成する

色が調整できたら、鳥瞰図の設定ウィンドウで「画像のスケール」を400%など大きな数値に設定します。%で設定すると作成される画像のドット数が表示されるので、使用するサイズに合わせてスケールを決めましょう（図4.9.9）。

［作成］を押すと、高解像度でレンダリングされてウィンドウが開くので、問題なければ ⌘ + S で保存します（図4.9.10）。

図4.9.9：調整後の書き出し設定

図4.9.10：画像を確認して保存

Illustrator に配置する

Illustrator で新規印刷用ファイルを作成して、書き出した画像を配置します（図 4.9.11）。とりあえず A4 サイズのファイルを作って、長方形で構図を検討します。ここでは幅 135mm × 70mm の長方形で作成することにしました。

図 4.9.11：配置してトリミングとサイズを検討

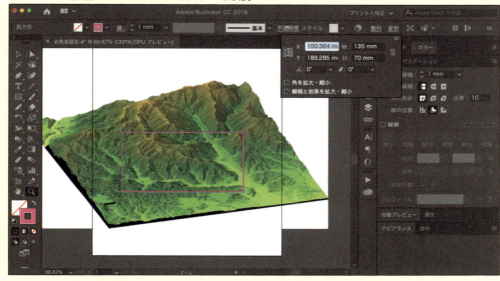

道や文字要素を追加して整える

あとは資料を参考に、主要道路や路線、登山道を書き加えて、ポイントを追加したら完成です（図 4.9.12、図 4.9.13）。登山やハイキングのコースをビジュアル化するのに、このタイプの地図はピッタリです。

図 4.9.12：道、線路、文字などを加えていく

図 4.9.13：完成した地図

※国土地理院の基盤地図情報を使用して株式会社ウエイドが作成。

第5章

さまざまな図法の世界地図を作成する【QGIS】

この章では、世界地図を作りながら、QGISの基本的な使い方を説明します。さまざまな図法も簡単に切り替えられます。

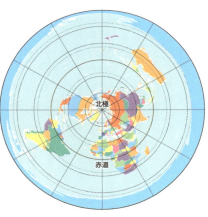

第5章　さまざまな図法の世界地図を作成する【QGIS】

STEP 1　Natural Earth 地図データをダウンロードする

　世界地図を作るのに一番使いやすいのは、Natural Earth（図5.1.1）のデータです。パブリック・ドメインとして公開されているので、完全に自由に使えます。使い方はこれから説明するので英語が読めなくても大丈夫です！　必要なデータだけを拝借しましょう。

図 5.1.1：Natural Earth（https://www.naturalearthdata.com/）

Cultural データのダウンロード

　Natural Earth（図5.1.1）の［Download］からダウンロードページに進みます（図5.1.2）。解像度が3種類（Large/Medium/Small）ありますが、ここでは［Medium］（中解像度）を使います。図5.1.2 の［Medium scale data, 1:50m］⇒［Cultural］をクリックして図5.1.3 に進み、［Download all 50m cultural themes］をクリックして「50m_cultural.zip」（約7.59MB）をダウンロードします。

図 5.1.2：Natural Earth のダウンロードページ

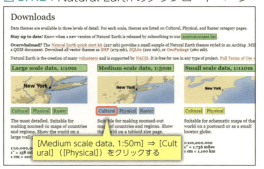

図 5.1.3：1:50m Cultural Vectors

88

STEP 1　Natural Earth 地図データをダウンロードする

図 5.1.4：1:50m Physical Vectors

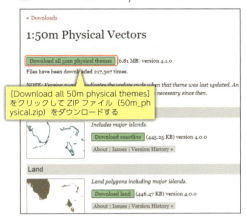

[Download all 50m physical themes] をクリックして ZIP ファイル（50m_physical.zip）をダウンロードする

Physical データのダウンロード

図 5.1.2 に戻って、同様に［Physical］をクリックして図 5.1.4 に進みます。同様に［Download all 50m physical themes］をクリックして「50m_physical.zip」（約 6.81MB）をダウンロードします。

図 5.1.5：解凍したファイル群

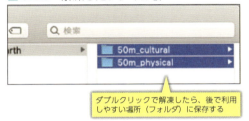

ダブルクリックで解凍したら、後で利用しやすい場所（フォルダ）に保存する

ファイルの解凍と保存

圧縮ファイルを解凍したら、地図データを入れるフォルダを作って入れておきます（図 5.1.5）。フォルダ名が変わったり、置き場所が変わると、QGIS ファイルを開き直した時にエラーになってしまいます。Illustrator や InDesign のリンク切れと同じ理屈です。わかりやすい名前をつけ、後で移動しなくてよい場所に保存するようにしてください。

📄 「Cultural」「Physical」「Raster」

ダウンロードページ（図 5.1.2）の各サイズのデータには「Cultural」「Physical」があります。Large と Medium には「Raster」もあります。これは何を意味するのでしょうか？

「Cultural」は文化的という意味で、国境や大都市・港・空港など人間によって決められたり作られた物の情報が分類されています。「Physical」は物理的という意味です。海岸線・河川・湖など、人間と関係なく存在する地理情報が分類されます。

なお、3 つめの「Raster」は画像という意味で、地形の陰影を表現した画像データです。自由度が低いので、本書では使用していません。

第5章 さまざまな図法の世界地図を作成する【QGIS】

STEP 2 データをQGISに読み込んで、「塗り」と「線」を設定する

地図データをQGISに読み込む

　まず、先ほど解凍したファイル群の中から「ne_50m_admin_0_countries.shp」をQGISにドラッグ＆ドロップします（図5.2.1）。すると世界地図（図5.2.2）が表示されます。色はランダムで決められます。すぐに適当な名前で保存しておきましょう。

図 5.2.1：地図データを QGIS に読み込む

図 5.2.2：読み込まれた世界地図（色はランダム）

📄 地域の色分け

　色分けの設定で選んだ「REGION_WB」を違うものにすると、地域の色分けの仕方が変えられます（図5.2.A）。「REGION_WB」は世界銀行（Wrold Bank）の地域分け、「REGION_UN」は国連の地域分けといった具合です。

図 5.2.A：「REGION_UN」で分類した色分け例

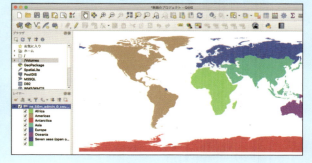

90

STEP 2　データを QGIS に読み込んで、「塗り」と「線」を設定する

図 5.2.3：塗りや線を設定するタブ

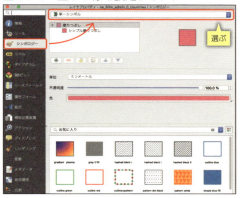

図 5.2.4：塗り分け設定をする

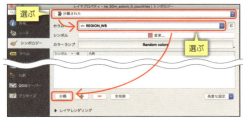

図 5.2.5：シンボル設定画面を開く

「塗り」と「線」の設定をする

表示された世界地図（図 5.2.2）の左下にレイヤパネルがあります。作成中の地図のレイヤ一覧が表示される部分です。今配置したファイルが［ne_50m_admin_0_countries］というレイヤになっています。このレイヤ名をダブルクリックして［レイヤプロパティ］を開きます。

［レイヤプロパティ］の左側にはたくさんのタブがあって、各レイヤに様々な設定をしたり、情報を確認したりできます。上から 3 つめの［シンボロジー］が、Illustrator でいう［アピアランス］のようなもので、各レイヤの色や線幅など見た目の設定を変えられます。

［単一シンボル］をクリックして［分類された］に変更し、［カラム］は［REGION_WB］を選び、分類ボタンを押すと地域別の色分けが設定されます。（図 5.2.3 ～図 5.2.5）。［シンボル］の［変更］をクリックして、［ストロークスタイル］を［ペンなし］に設定します（図 5.2.5 ～図 5.2.6）。

図 5.2.6：ペンなしに設定する

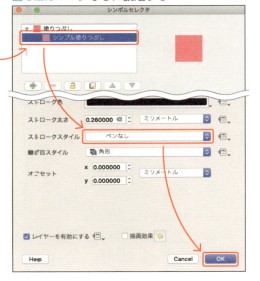

91

STEP 3 国境を作成する

国境データの設定

「ne_50m_admin_0_boundary_lines_land.shp」をドラッグ＆ドロップします（図5.3.1）。レイヤーをダブルクリックしてプロパティを開き（図5.3.2）、[シンプルライン]を選ぶと、線の色や線幅などの設定が表示されます。[色]をクリックして線の色を設定したら、レイヤプロパティに戻って線幅や角の形状などを設定します（図5.3.3〜図5.3.5）。

[シンボロジー]の設定はIllustratorのアピアランスに似ているので類推しやすいと思います。変更なしでIllustratorに持ち込んでもいいのですが、線の色や線幅を変えておくと、Illustratorで調整するのが楽になります。

図5.3.1：国境データをQGISに読み込む

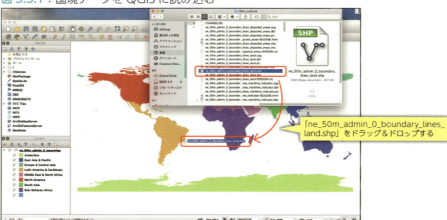

図5.3.2：読み込まれた世界地図（色分け済）

図 5.3.3：

図 5 3.5：

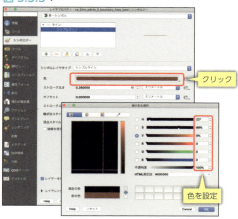

図 5.3.4：線の色を設定する

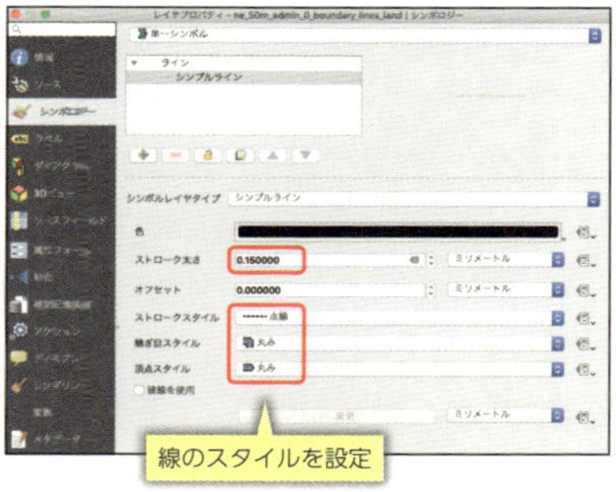

海岸線データの設定

フォルダ「50m_physical」の「ne_50m_coastline.shp」をドラッグ＆ドロップします（図5.3.6）。レイヤーをダブルクリックしてプロパティを開き、線の色を国境と同じく黒に、線幅（ストローク太さ）は 0.2mm に、継ぎ目と頂点のスタイルはどちらも［丸み］に設定します（図 5.3.7）。

図 5.3.6：海岸線データを QGIS に読み込む

図 5.3.7：レイヤープロパティ

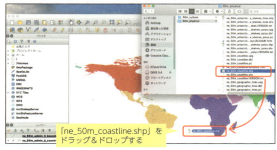

📝 Natural Earth の国境線

　Natural Earth の国境線は、米国のデータなので、当然、米国の見解が反映されています。米国は日本とは同盟国ですし、ほとんどこのまま使用して問題なさそうなのですが、注意点もあります。
　特に紛争地域や領土について当事国の主張に違いがある場合、実効支配が優先されているようです。日本周辺でいえば、ロシアとの海上境界には注意が必要です。

93

第5章　さまざまな図法の世界地図を作成する【QGIS】

STEP 4　緯度経度、赤道などの地理学的な線を作成する

緯度経度線を作成する

　フォルダ「50m_physical」の「ne_50m_graticules_30.shp」をドラッグ＆ドロップします（図5.4.1）。レイヤーをダブルクリックしてプロパティを開き、線の色や線幅などを設定します（図5.4.2）。緯度経度の線は、QGISの機能で入れることもできますが、後の変換がうまくいきません。Natural Earthの緯度経度線データを使うのが簡単です。

図5.4.1：緯度経度線を読み込む

図5.4.2：色や線幅を変えておく

赤道など地理学的な線を作成する

　フォルダ「50m_physical」の中の「ne_50m_geographic_lines.shp」をドラッグ＆ドロップします（図5.4.3）。赤道、北回帰線、南回帰線、北極圏、南極圏、日付変更線が描画されます。他のレイヤと同様に、レイヤをダブルクリックしてプロパティを開き、線の色や線幅などを図のように設定します（図5.4.4）。いちいちプロパティを調整するのは、これらの設定が他のレイヤの要素と重複しなければ、Illustratorでの作業が早いからです。

図5.4.3：地理学的な線を読み込む

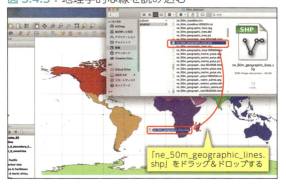

図5.4.4：色や線幅を変えておく

STEP 5　海の色を作成する

STEP 5　海の色を作成する

図 5.5.1：地図範囲のデータを読み込む

海の色がないのが気になってきました。フォルダ「50m_physica」の中にある「ne_50m_wgs84_bounding_box.shp」をドラッグ＆ドロップします（図 5.5.1）。ここではバウンディングボックスは地図の大きさピッタリの箱（＝四角形）のことです。これを水色にして、一番下に配置することで、海の色にしようというわけです。

図 5.5.2：できたレイヤを一番下に移動

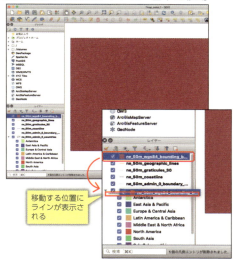

一番上に挿入されるので、地図範囲が長方形で塗りつぶされてしまいます。できたレイヤをドラッグして、一番下に持っていきましょう（図 5.5.2）。

他のレイヤと同じように、レイヤーをダブルクリックしてプロパティを開き、塗りや線の色、線幅などを設定します（図 5.5.3）。これで、かなり地図らしくなってきました（図 5.5.4）。

図 5.5.3：海の色を設定する

図 5.5.4：海色が入った世界地図

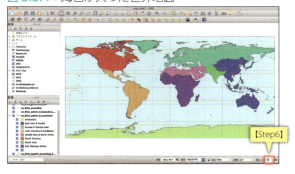

95

第 5 章　さまざまな図法の世界地図を作成する【QGIS】

STEP 6　モルワイデ図法に変換する

図 5.6.1：プロジェクトのプロパティ（CRS）

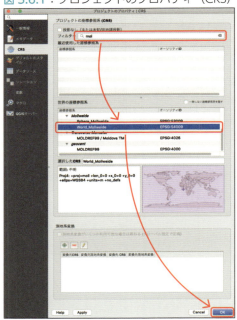

図 5.5.4 の【Step6】と記した場所のボタンをクリックして、プロジェクトの CRS（座標参照系）を設定する画面（図 5.6.1）を開きます。この設定を変更することで、いろいろな図法に地図を変換できます。

膨大な数の座標参照系があるので、目的の図法が決まっている時は名前の一部を入れて絞りこみます。ここでは［フィルター］に「mol」と入力して、表示された中から「World_Mollweide」を選びます。すると図 5.6.2 のように地図が変換されます。

このような変換が、簡単に、無料でできるのが QGIS です。しかも、ベクターデータとして Illustrator で読み込めるなんて、すごい時代になったものです。

図 5.6.2：モルワイデ図法に変換された

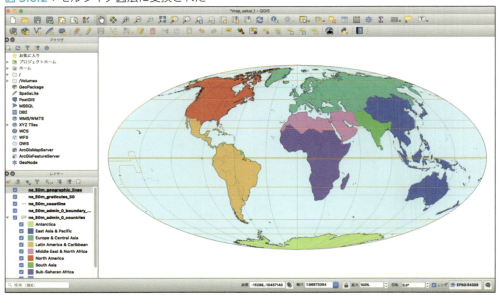

96

STEP 7　PDF に書き出して Illustrator に読み込む

PDF に書き出す

　プロジェクトから［新規プリントレイアウト］をクリックして（図 5.7.1）、［プリントレイアウトのタイトルの作成］ダイアログ（図 5.7.2）の名前は空欄のまま［OK］をクリックします。表示されたレイアウト（図 5.7.3）の左端にある地図の追加ツールで画面内をドラッグすると指定された領域に地図が挿入されます（図 5.7.4）。上部の［PDF としてエクスポート］ボタンで PDF ファイルで保存しましょう。

図 5.7.1：

図 5.7.2：［プリントレイアウトのタイトルの作成］ダイアログ

空欄のまま［OK］をクリックする

図 5.7.3：レイアウト

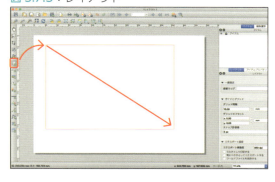

図 5.7.4：レイアウト（挿入された後）

［PDF としてエクスポート］ボタンで PDF ファイルで保存

Illustrator に読み込む

保存した PDF ファイルを Illustrator で開いたら（図 5.7.5）、印刷業界の人はすぐに全選択してコピーし、新規の印刷用ファイルを作成してペーストしましょう。

図 5.7.5：書き出した PDF ファイルを Illustrator で開いたところ

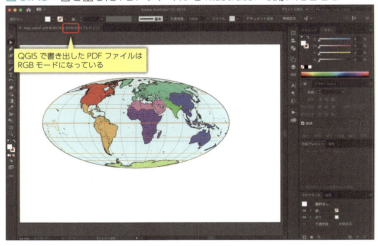

図 5.7.6：新規ファイル作成時の設定例

図 5.7.7：色や線幅の微調整

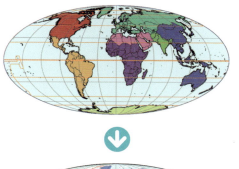

ここまでできれば、あとは普通の仕事と同じです。

使用サイズに合わせて拡大縮小し、あらためて色や線幅を微調整します（図 5.7.7）。「共通オブジェクトを選択」をうまく使いましょう。必要に応じて、レイヤー分けをしたり、地域ごとにグループ化するのも有効です。

スッキリさせるために海岸線、国境線は白くしました。緯度経度の線は「K50」にしてグループ化し、グループのアピアランスで［比較暗］に設定しました。地理的な線は赤道、回帰線を残し、他は削除しました。外形の黒ラインは、ぬかりなく「K100」に変更し、一番上になるように調整しています。

文字要素を乗せて完成です（図 5.7.8）！

図 5.7.8：完成した地図

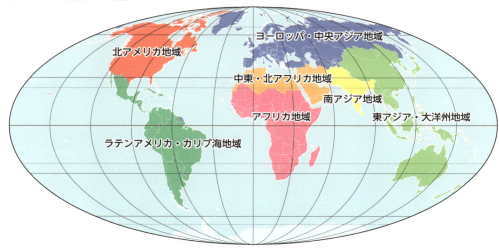

第 5 章　さまざまな図法の世界地図を作成する【QGIS】

図法・色分けを変更する

図 5.8.1：プロジェクトのプロパティ（CRS）

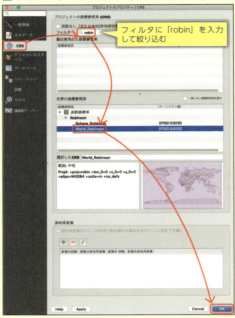

ロビンソン図法に変換する

　Step6 の図法の変換で、フィルタに「robin」と入力して絞り込み「World_Robinson」を選択すると「ロビンソン図法」に変換されます（図 5.8.1、5.8.2）。

　このように［座標参照系］を変更することで、色々な図法の地図が作成できます。きれいに変換できないものも多々ありますが、元データが壊れることはありません。色々試すだけでも楽しめると思います。

図 5.8.2：ロビンソン図法

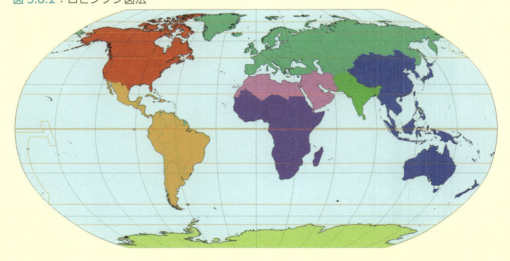

応用 ① 図法・色分けを変更する

塗り分けを変更する

塗り分けも変更してみましょう。「ne_50m_admin_0_countries」レイヤーをダブルクリックして、シンボロジーのカラムを「REGION_UN」にして［分類］ボタンを押します。以前の分類を削除するか聞かれるので［Yes］を押します（図5.8.3）。国連の地域分けに塗り分けが変わります（図5.8.4）。

図5.8.3：塗り分けの変更

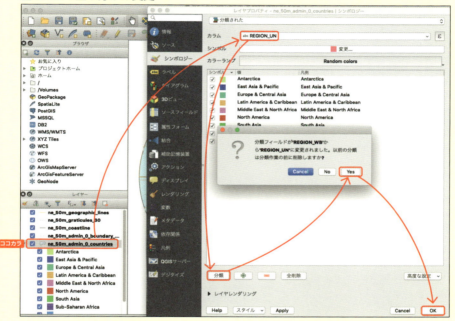

図5.8.4：国連の地域分け表示

101

図 5.8.5：プロジェクトのプロパティ（CRS）

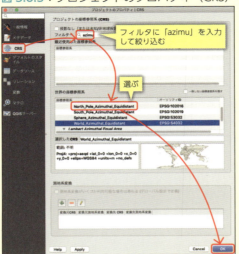

正距方位図法に変換する

同じように「North_Pole_Azimuthal_Equidistant」に変更すると（図 5.8.5）、北極を中心とした正距方位図法になります。色分けで「MAPCOLOR9」に変更すると（図 5.8.6）、同じ色が隣合わないように各国を9色で色分けできます（図 5.8.7）。

図 5.8.6：塗り分けの変更

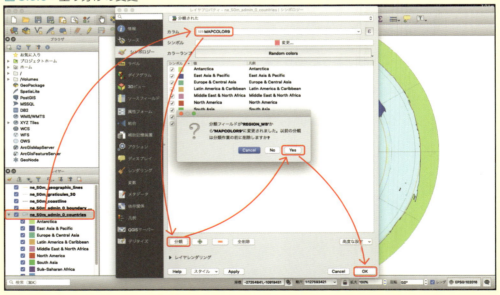

応用 ① 図法・色分けを変更する

図 5.8.6：正距方位図法

「NAME_JA」など国名の色分けをすることも可能です。ただし色分けが 250 色以上になってしまうので、今回は選びませんでした。

第5章　さまざまな図法の世界地図を作成する【QGIS】

応用② カスタム投影法で太平洋中心の地図を作成する

　QGIS に設定されている CRS を切り替えるだけでも、多彩な図法の地図が作成できますが、欧米基準なのでヨーロッパ・アフリカが中心の世界地図がほとんどです。私たちが見慣れた、太平洋を中心とする地図を作成するには、カスタム投影法を使用します。

カスタム投影法を設定する

　［設定］⇒［カスタム投影法］（図 5.9.1）で［カスタム座標参照系の定義］画面（図 5.9.2）を開き、新規追加の［＋］ボタンと［既存の CRS からパラメータをコピーする］ボタンを順に押します。表示された［座標参照系選択］画面で「World_Mollweide」を選んで［OK］しましょう（図 5.9.3）。すると、モルワイデ図法の基本設定がパラメータにコピーされます。

図 5.9.1：設定メニュー

図 5.9.2：新規カスタム投影法を作成する

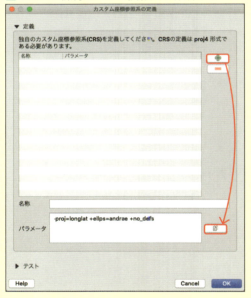

📄 パラメータの意味

　「+lon_0」が東西の経度、「+lat_0」が南北の緯度を設定するパラメータです。モルワイデ図法は東西にしか中心を動かせないようで、「+lon_0」しか表示されません。
　既存の CRS の設定をコピーして、この 2 つのパラメータを変更するだけで、地図の幅がグンと広がります。

応用② カスタム投影法で太平洋中心の地図を作成する

図5.9.4では図の中心を東経155°にするので、まず名前を「Mollweide E155」とします。パラメータの意味は細かくわからなくても問題ありません。「+lon_0=0」となっているのを「+lon_0=155」と、数字だけ書き換えて［OK］します。

図5.9.3：［座標参照系選択］画面

図5.9.4：経度の設定を打ち変える

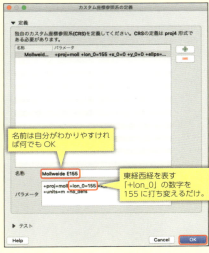

作成した「Mollweide E155」に変更すると（図5.9.5）、一部に横線が入って見づらい地図（図5.9.6）になりますが、構わずPDFに書き出して、Illustratorで調整します。

図5.9.5：プロジェクトのプロパティ（CRS）

図5.9.6：カスタム投影法を設定した地図

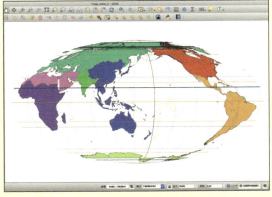

Illustrator で読み込んで地図の輪郭を作成する

印刷用途の場合は基本の作例と同様に幅 180mm ×高さ 100mm の新規 CMYK ファイルを作成して、PDF のすべてを選択してコピー&ペーストして Illustrator で作業を始めます。

まず、QGIS 上での変形操作によって見えなくなってしまった地図の輪郭を新たに作成し直します。ペーストした地図を全選択（⌘ + A）してサイズを確認し（図 5.9.7）、新しいレイヤーに同じサイズで楕円形を描いて、地図のレイヤーの下に配置します（図 5.9.8）。

図 5.9.7：サイズの確認

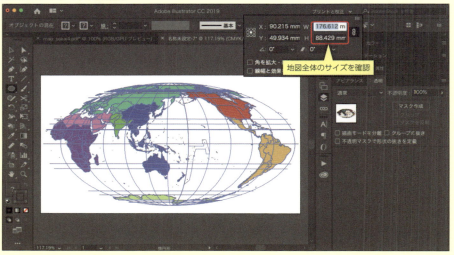

図 5.9.8：輪郭用レイヤーの配置

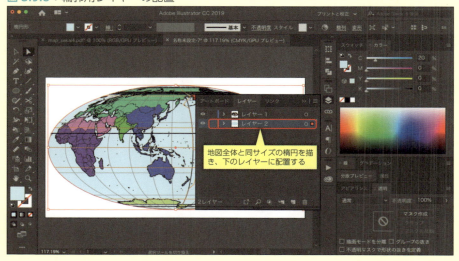

グリーンランドの地形を整える

ノイズのような横線の原因は、変換によって東西に分断されてしまう陸地（この場合はグリーンランドと南極大陸）です。QGISのベクターデータの処理では、地図の端をはみ出して反対側に回り込んだ地形を正しく処理できず、東西の端がつながったままになってしまうのです。しかし、Illustratorで落ち着いて加工すれば、東西それぞれの陸地を再生できます。

準備として、他のオブジェクトが動かないようロックします。グリーンランドを選択ツールで選んで、グループ化（⌘ + G）し、そのままダブルクリックしてグループ編集モードにします（図5.9.9）。これでグループ以外のオブジェクトは動かない状態になります。

図5.9.9：グループ編集モードでグリーンランドだけを調整する

図5.9.9の状態のままグリーンランドのオブジェクトをコピーしておきましょう。次にオブジェクトの右半分をダイレクト選択ツールで囲んで選び、ドラッグ＋ Shift で地球の左外に移動します（図5.9.10、図5.9.11）。

図5.9.10：右半分のアンカーポイントを囲んで選ぶ

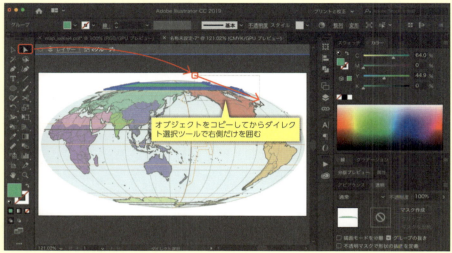

図5.9.11：選んだアンカーポイントを左外へ移動する

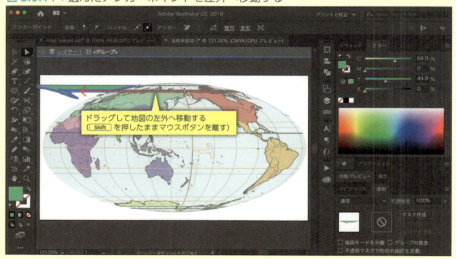

反対側も作成するため、前面へペースト（⌘ + F）して、ダイレクト選択ツールで Shift を押しながら右半分を囲んで選択を解除し、左側のアンカーを地球の右外へ移動します（図5.9.12、図5.9.13）。

　すべてを選択（⌘ + A）してから Esc でグループ編集モードを終わり、グループを解除します（図5.9.14）。

図 5.9.12：ペーストして右側半分の選択を解除する

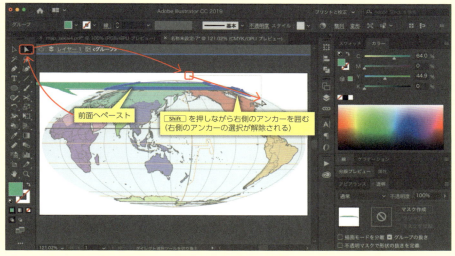

図 5.9.13：選んだアンカーポイントを右外へ移動する

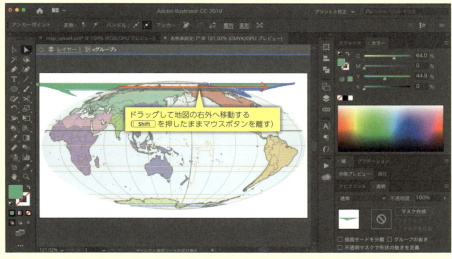

図 5.9.14：グループ編集モードを終了してグループを解除する

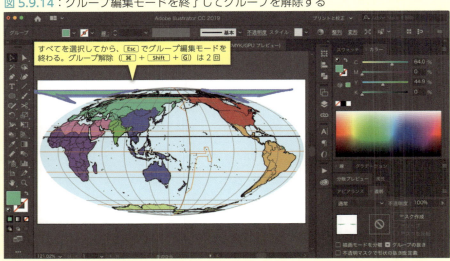

　先ほど作った海の楕円をコピーして前面にペースト（⌘ + F）し、グリーンランドの陸地の左側を追加選択し、パスファインダで交差を取ると、地形が綺麗に切り抜けます。右側も同じようにしてはみ出しを消去しましょう（図 5.9.15、図 5.9.16）。

　グリーンランドの海岸線を同じように作り直すのは面倒なので、QGIS で書き出したグリーンランドの海岸線のラインは消去して、今作った陸地を複製して、スポイトツールで海岸線の色設定に合わせておきます（図 5.9.17）。

図 5.9.15：パスファインダーではみ出しを削除する

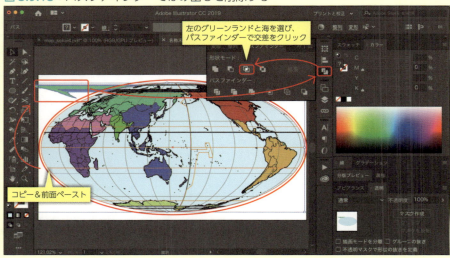

応用 ② カスタム投影法で太平洋中心の地図を作成する

図 5.9.16：グリーンランドの塗りが修正できた

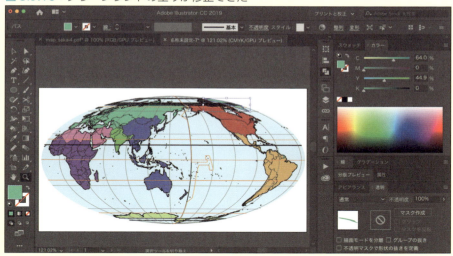

図 5.9.17：塗りを複製して海岸線も修復する

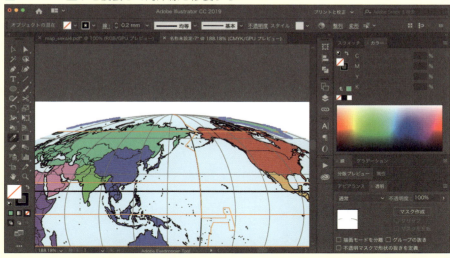

南極大陸の地形を整える

　南極側は真ん中の境界がないので別の方法を使います。まず、まぎらわしいので南極大陸の海岸線は削除して、南極大陸の塗りを選択します。

　選択した状態でペンツールに持ち替え、横線ノイズ上をクリックすると、アンカーポイントが追加できます。追加したアンカーをの外側によけていくと、横線を海の楕円の範囲外に逃がすことができます（図 5.9.18 〜図 5.9.21）。

図 5.9.18：アンカーポイントを追加して外側へ移動する

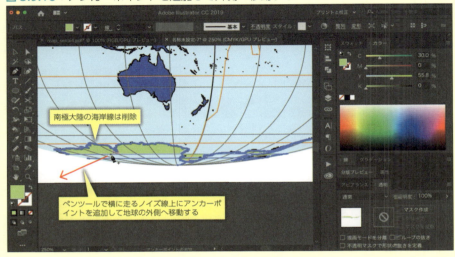

図 5.9.19：繰り返してノイズ線を外側へよける

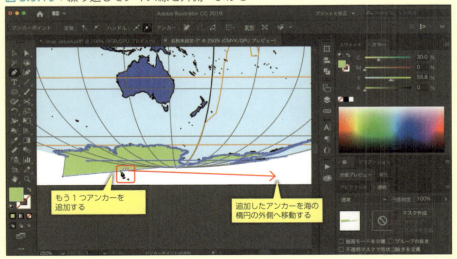

応用 ② カスタム投影法で太平洋中心の地図を作成する

図 5.9.20：さらに繰り返す

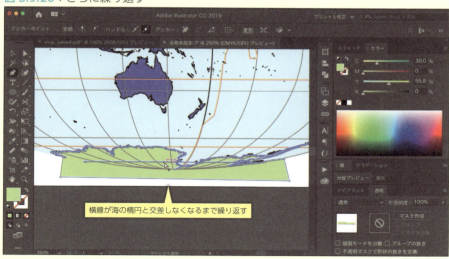

図 5.9.21：横線が全て範囲外になった

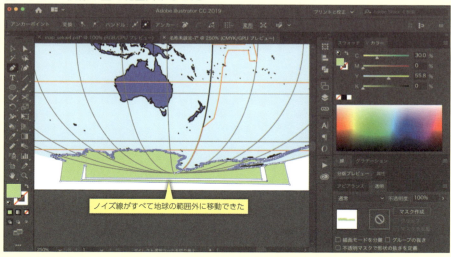

あとは、グリーンランドと同じく、海の楕円を複製して交差をとり、できた形を複製して海岸線のカラー設定にすれば、南極部分も完成です（図 5.9.22）。

経度 180 度の線は二重になっているので、はさみツールを使って北極、南極でカットして、片方のパスを削除して重なりを解消しましょう。図 5.9.23 では中央付近に横線ノイズが残っていますが、輪郭線の中に隠れてしまうほど小さな島のものなので、削除してしまいます。

あとは他の作例と同様に色や線種をお好みで整えたら完成です（図 5.9.24）。

図 5.9.22：複製した楕円と大陸で交差をとる

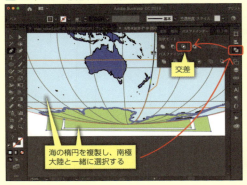

図 5.9.23：重複や残りのノイズ線を削除する

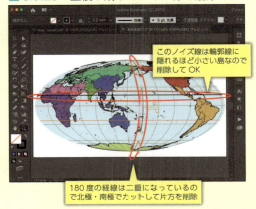

図 5.9.24：完成した太平洋中心の世界地図

第6章
正確な市区町村図を作成する【QGIS】

正確な市区町村で分けられた地図で、しかも塗り分けを自在に調整できるようにするには、どうすればよいでしょうか。本章では東京都の行政区域別マップを作成します。また、応用編では都道府県別の日本地図を2つの方法で作成しています。

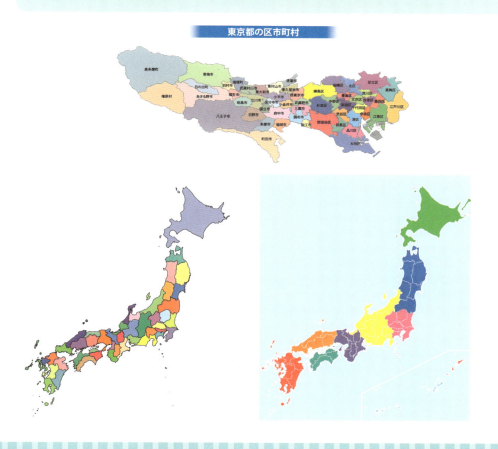

第6章　正確な市区町村図を作成する【QGIS】

STEP 1　地形データをダウンロードする

図 6.1.1：国土数値情報ダウンロードサービス

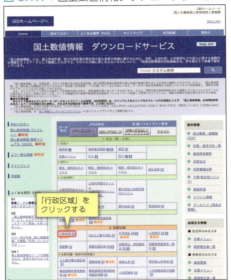

市区町村の行政区域データは、国土数値情報ダウンロードサービス（図 6.1.1）にあるものが使いやすいです。[行政区域]をクリックすると、ページの下部に都道府県を選ぶチェックリストがあります（図 6.1.2、図 6.1.3）。

ここでは、全国をチェックしてまとめてダウンロードします。過去のデータも選べますが、普通は最新のものをダウンロードすれば良いでしょう（図 6.1.4〜図 6.1.7）。

ダウンロードしたファイルは、わかりやすい名前で、移動しなくてよいフォルダに解凍しておきます（図 6.1.8）。

図 6.1.2：行政区域データの説明

図 6.1.3：全国をまとめてダウンロード

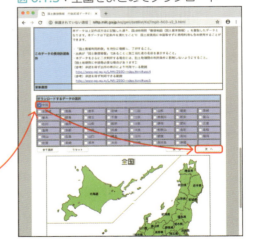

116

STEP 1 地形データをダウンロードする

図 6.1.4：最新データを選ぶ

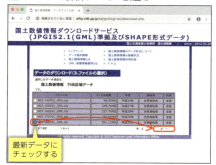

図 6.1.6：利用約款の確認

図 6.1.5：アンケート記入例

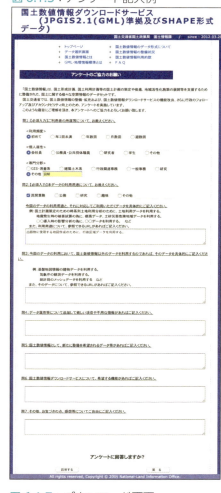

図 6.1.7：ダウンロード画面

図 6.1.8：解凍したところ

第6章　正確な市区町村図を作成する【QGIS】

QGISにデータを読み込む

QGISを起動して、新規プロジェクトを作成します（⌘＋N）。メインのウィンドウに先ほど解凍した中にある「N03-18_180101.shp」をドラッグ＆ドロップします。

座標参照系選択画面のフィルターに「JGD2011」を入力して、表示された座標参照系を選んで［OK］します（図6.2.1）。

図6.2.1：座標参照系の設定

📄 座標参照系の違い

QGISでデータを読み込む時によく出てくる座標参照系の設定。もちろん学術的には厳密に定義されていて、意識することは大切です。しかし、世界地図、日本地図をデザイン的に使用するレベルでは、その誤差はあまり神経質になる必要はありません。

データを配布しているサイトに書いてあるはずですが、見つからなければ世界地図は「WGS84」、日本地図は「JGD2011」を選んでおけば、ほぼ問題ないでしょう。

ただしタウンマップレベルでは、東北地方など震災による地殻変動の影響が無視できないことがあります。特に違う配布元のデータを重ね合わせるときは注意しましょう。

画面に何も現れない場合は、［ビュー］⇒［全域表示］（⌘ + Shift + F）とすると、データのある範囲全体が表示されます。作成されたレイヤーをダブルクリックし、ソースの中にある「データソースエンコーディング」の設定を「Shift_JIS」に変更しておきます。これをしないと後で市区町村名などが文字化けしてしまいます（図 6.2.2、図 6.2.3）。

ここで一旦保存しておきましょう。

図 6.2.2：地図データの範囲全体を表示

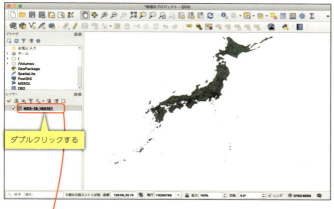

図 6.2.3：データソースエンコーディングの設定

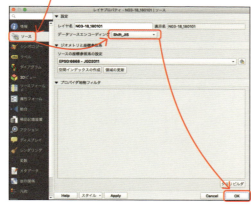

📄 各都道府県でダウンロードしても OK ？

　国土数値情報の行政区域データは都道府県別にもダウンロードできるので、それを使用することも可能です。フィルタの操作を簡単に体験してもらうため、ここではあえて日本全国のデータを使用した作例にしてあります。

119

第6章　正確な市区町村図を作成する【QGIS】

表示を絞り込む

　東京都だけを表示するために、フィルター設定をします。レイヤーを右クリック ⇒ ［フィルター］ ⇒ クエリビルダ画面の ［N03_001］ ⇒ ［全ての］で、値の中に「東京都」が表示されます（図6.3.1、図6.3.2）。

　ここで、「N03_001」をダブルクリック ⇒ ［＝］をクリック ⇒ 「東京都」をダブルクリックと操作すると、下にフィルタ式が作成されます（図6.3.3）。「"N03_001" = '東京都'」となっているのを確かめて、［OK］を押すと、東京都の行政区域だけが表示されます（図6.3.4）。

　拡大すると図6.3.5のように表示できます。

図6.3.1：フィルター設定画面を開く

図6.3.2：必要な項目を表示させる

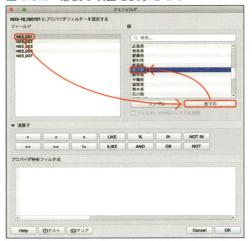

図6.3.3：フィルター式の作成

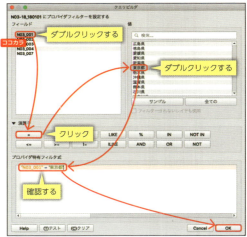

図 6.3.4：東京都の市区町村だけが表示される

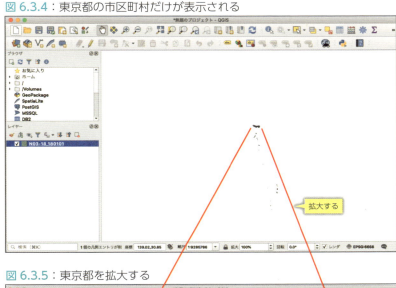

図 6.3.5：東京都を拡大する

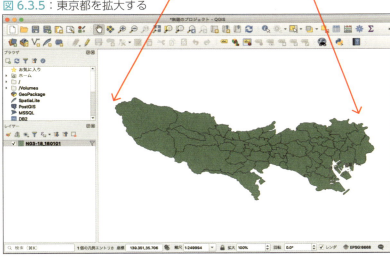

STEP 4 塗り分けを設定する

　レイヤーをダブルクリックしてレイヤーのプロパティを開き、シンボロジーのタブを開きます。ここで線や面の色や線幅などを調整できます。

　図 6.4.1 のように［分類された］⇒［N03_004］⇒［Random colors］⇒［分類］と設定して［OK］します。各行政区域がランダムに色分けされます（図 6.4.2）。文字化けしてしまう場合は本章の Step2（P.119）の「データソースエンコーディング」の設定を見直してください。

図 6.4.1：市区町村ごとにランダムに色分けする

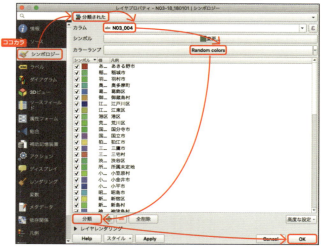

図 6.4.2：行政区域が色分けされた

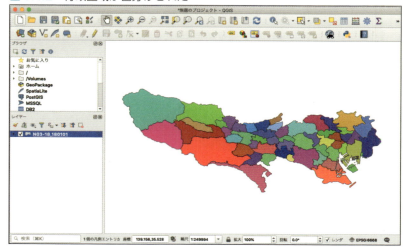

STEP 5 市区町村名を表示する

再度レイヤーをダブルクリックしてレイヤーのプロパティを開き、今度はラベルのタブを開きます。ここで地図データが持っている様々な情報を地図中に表示するよう設定できます。

図 6.5.1 のように［単一のラベル］⇒［N03_004］⇒［Kozuka Gothic Pr6N］⇒［8.5 ポイント］と設定して［OK］すると、各行政区域の名称が表示されます（図 6.5.2）。

図 6.5.1：市区町村名を表示するためのラベル設定

図 6.5.2：市区町村名が表示された

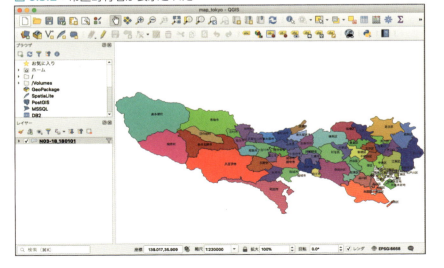

第 6 章　正確な市区町村図を作成する【QGIS】

STEP 6　PDF に書き出す

［プロジェクト］⇒［インポート／エクスポート］⇒［地図を PDF にエクスポート］で地図を書き出します（図 6.6.1）。

Illustrator で設定するので、細かな設定は変更しなくて大丈夫です（図 6.6.2）。ファイル名を付けて保存したら、QGIS での作業は終了です（図 6.6.3）。

図 6.6.1：PDF にエクスポート

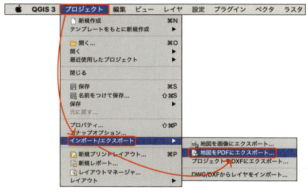

図 6.6.2：書き出し設定

図 6.6.3：名前を付けて保存

STEP 7 Illustrator で読み込んで調整する

図 6.7.1：読み込んだ PDF は RGB モード

QGIS から書き出される PDF ファイルは RGB モードなので、印刷・出版向けの地図の場合は、PDF を開いたら先に［全選択］⇒［コピー］⇒［印刷設定］で［新規ファイル作成］⇒ ペーストをしておきます（図 6.7.1）。サイズは「幅：150mm」「高さ：80mm」「裁ち落とし：0mm」にしています（図 6.7.2）。

ペーストしたら、外枠を削除し、境界線を別レイヤーに移動して色や線の設定を整え、文字も別のレイヤーに分離します。そして塗り分けを薄い色で設定します。23 区は各インクが 70% まで、それ以外は各インクが 30% までを目安として、隣接する地区の色味が見分けやすいように設定します（図 6.7.3）。

図 6.7.2：印刷用の新規ファイル設定

図 6.7.3：レイヤー分けして色や線幅を調整

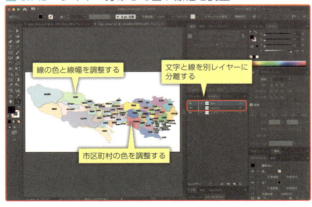

125

第6章　正確な市区町村図を作成する【QGIS】

STEP 8　文字を並べ直す

　残念ながら、QGISからPDFを書き出す際に文字はアウトライン化されてしまいます。
　文字を微調整するためには、テキストオブジェクトになっているほうがやりやすいです。とはいえ、1つひとつ入力するのは大変なので、Wikipediaなどにある自治体名の一覧をコピー＆ペーストして切り抜けましょう（図6.8.1）。
　文字サイズを調整し、自治体ごとに改行したら、スクリプトを実行してバラバラにします。ほどよい位置に文字を配置したら、アウトライン化された文字は削除してしまいましょう（図6.8.2〜図6.8.4）。

図6.8.1：自治体名をWebからコピー＆ペースト

図6.8.2：サイズ調整して改行していく

図6.8.3：スクリプトでバラバラにする

図6.8.4：QGISの文字を見ながら配置する

📄 改行で文字をバラすスクリプト

　自治体名を1つひとつコピー＆ペーストしていたのでは時間がかかって大変です。筆者は「テキストばらし」というスクリプトを長年愛用しています。詳しく説明するには紙幅が足りませんので、ご自身で調べて導入してみてください。

STEP 9 タイトルを入れて仕上げる

最後にタイトルと出所表記を入れ、色味を微調整して完成です（図6.9.1）。

各都道府県でこのような地図を作っておくだけで、さまざまな場面で利用できるので、ぜひ活用してください。

図 6.9.1：完成した地図

※土地理院の国土数値情報（行政区域データ）を使用して株式会社ウエイドが作成しました。

応用 ① Natural Earth のデータで都道府県地図を作成する

　市区町村の塗り分けは、本章の Step3、4 のように国土数値情報を利用すれば、簡単に作成できます。ところが、都道府県の塗り分けとなると少々難しくなってしまいます。
　厳密に塗り分けする方法は後述しますが、ひとまず簡単な方法を説明します。道路や線路などが入らず、都道府県の塗り分けさえできていればよい場合には、手っ取り早い方法です。

データをダウンロードする

　第 5 章（P.88）で紹介した Natural Earth の Web サイト（図 6.10.1）で、「10m Cultural」をダウンロードします。他にも使うことを考えて、一括でダウンロードします（図 6.10.2）。

図 6.10.1：Natural Earth の地図データ

図 6.10.2：まとめてダウンロード

　解凍したファイルの中の「ne_10m_admin_1_states_provinces.shp」を新規 QGIS プロジェクトにドラッグ＆ドロップすると、世界地図が各国の州や県などで区分けされて表示されます（図 6.10.3、図 6.10.4）。

図 6.10.3：地図データを読み込む
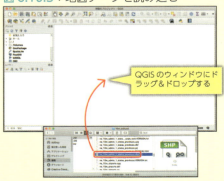

図 6.10.4：読み込み直後の状態

応用 ① Natural Earth のデータで都道府県地図を作成する

図 6.10.5：日本を拡大

カスタム投影法を設定する

日本にクローズアップしてみると、ちょっと横に間延びした感じになっています（図 6.10.5）。それでは、第 5 章（P.104）と同様に「カスタム投影法」を設定してゆがみを正しましょう（図 6.10.6 〜 図 6.10.8）。

日本地図によく使われる、ランベルト正角円錐図法を、既存の「Asia North Lambert Conformal Conic」を利用してカスタマイズします。

図 6.10.6：カスタム投影法の作成

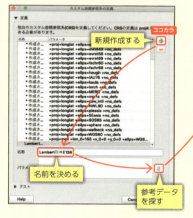

図 6.10.7：参考データの読み込み

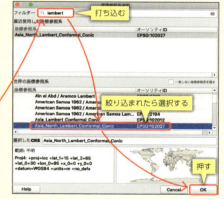

図 6.10.8：数値の打ち替え

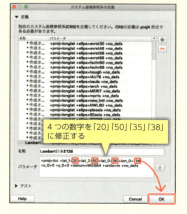

129

第6章 正確な市区町村図を作成する【QGIS】

　カスタム投影法を作成したら、プロジェクトの投影法を今、作成した投影法に切り替えると、見慣れた感じの日本地図になります（図6.10.9、図6.10.10）。

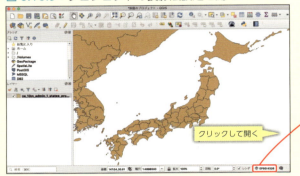

図6.10.9：プロジェクトの投影法設定を開く　　図6.10.10：投影法の変更

都道府県別に色を変える

　次はレイヤーをダブルクリックして、都道府県別に色を変える設定をしましょう（図6.10.11、図6.10.12）。日本以外の州や県も色分けされて、分類が膨大な数になるので警告ウィンドウが開きますが、構わず［OK］します。

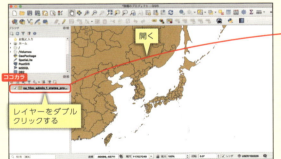
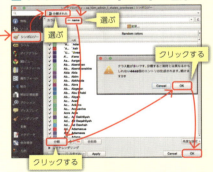

図6.10.11：レイヤープロパティを開く　　図6.10.12：カラム［name］で色分け

応用 ① 　Natural Earth のデータで都道府県地図を作成する

図6.10.13：PDFにエクスポート

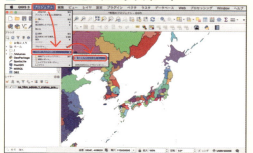

PDFファイルにエクスポートする

色の設定ができたら、PDFにエクスポートします（図6.10.13）。「地図をラスタ化する」にチェックが入っていると画像になってしまうので、確認して保存しましょう（図6.10.14、図6.10.15）。

図6.10.14：書き出し設定画面

図6.10.15：わかりやすい名前で保存

図6.10.16：印刷用の新規ファイルを作成

Illustratorで調整する

エクスポートしたPDFファイルをIllustratorで開いたら、まずは全選択でコピーして新規印刷用ファイルにペーストしましょう（図6.10.16）。共通オブジェクトを選択して黒の線を別レイヤーに移動したり、日本以外の部分を隠したりして、あとは細かく色調整すれば完成です（図6.10.17）。

図6.10.17：色調整

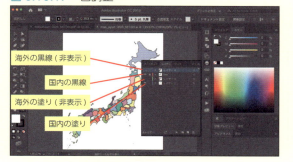

131

都道府県がわかればよいという目的なら、十分すぎる地図ができました（図6.10.18）。むしろ細かな島は省いてスッキリさせて、自分用や会社用にストックしておくとよいかもしれません。

図6.10.18：Natural Earthのデータから作成した都道府県地図

※Natural Earthのデータはパブリックドメインなので、出典表記がなくても問題ありません。

応用 ② 市区町村を合体して都道府県地図を作る

② 市区町村を合体して都道府県地図を作る

　Natural Earth のデータで作った都道府県地図は、単体で使うならほぼ問題ないのですが、国土数値情報の鉄道路線や道路のデータと重ねると、かなりずれがあります。かといって、本章の Step1 でダウンロードした行政区域データは詳細すぎます。都道府県別に合体するのに長時間かかる上、Illustrator に読み込んでも容量が大きいし詳細すぎて汚く見えるしで、こちらも実用性はいまひとつです。これらの問題をクリアした、ほどよい詳細さと正確さの都道府県地図の作り方を紹介しましょう。

図 6.11.1：「地球地図日本」のダウンロード

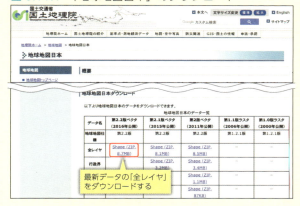

データをダウンロードする

　使用するのは国土地理院の「地球地図日本」のデータです。最新の「全レイヤ」データをダウンロードして解凍しましょう（図 6.11.1）。

QGIS でデータを読み込む

　「polbnda_jpn.shp」ファイルを QGIS の新規プロジェクトファイルにドラッグ＆ドロップすると、CRS を指定してくださいとのウィンドウが開きます。「JGD2011、EPSG:6668」を選んで［OK］します（図 6.11.2 ～図 6.11.3）。

　なお、地球地図の仕様では「IRTF94」を使用するよう定められていますが、「IRTF94」で読み込むと先の変換がうまくいきません。実用上問題なさそうなので、本章では「JGD2011」を使用しています。

図 6.11.2：行政区域データを読み込む

図 6.11.3：座標参照系の設定

図 6.11.4：ディゾルブ画面を開く

市区町村を合体させて都道府県の形を作る

［ベクタ］⇒［空間演算ツール］⇒［ディゾルブ］でディゾルブの設定ウィンドウを開きます（図 6.11.4）。ディゾルブは、Illustrator で言えば、パスファインダーの合体のようなものです。図形と図形を融合してくれる処理です。

ディゾルブフィールドの［…］をクリックして、合体させる条件を選びます（図 6.11.5）。「nam」（県名）を選択して、融合の［…］⇒［ファイルに保存］で、ファイル名を入力し、ファイル形式を SHP にして、保存、実行と進めます（図 6.11.6）。

図 6.11.5：ディゾルブの設定画面

図 6.11.6：保存

［ログ］タブに切り替わって、「アルゴリズム'ディゾルブ'が終了しました」と表示されたら成功です（図 6.11.7）。[Close] を押してディゾルブの窓を閉じると、各都道府県が合体したレイヤーが生成されています（図 6.11.8）。

図 6.11.7：ディゾルブ処理が完了

図 6.11.8：都道府県地図が作成された

座標参照系を切り替える

どうしても横長に見えてしまうので、本章の応用①（P.129）で作成した「Lambert 日本 E138」に切り替えます。

図 6.11.9：横長に見える

図 6.11.10：CRS を変更する

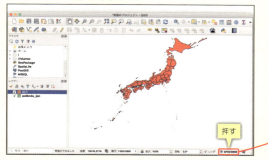

都道府県別に色分けする

都道府県別に色分けしておくと何かと便利なので、ここでも設定しておきましょう。

［融合］レイヤーをダブルクリックして、［シンボロジータブ］⇒［分類された］⇒［nam］と順に選んで［分類］をクリックと都道府県別の色設定が作られ、［OK］を押すとメインウィンドウに適用されます（図 6.11.11 〜図 6.11.13）。

図 6.11.11：レイヤープロパティを開く

図 6.11.12：カラム［nam］で分類

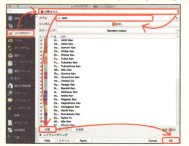

図 6.11.13：都道府県別に色分けされた

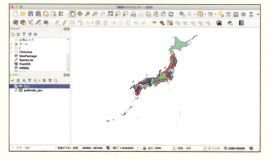

PDFファイルにエクスポートする

色の設定ができたら、元のレイヤーを非表示にしてからPDFにエクスポートします（図6.11.14〜図6.11.16）。［地図をラスタ化する］にチェックが入っていると画像になってしまうので、そこだけ確認して保存しましょう。

図6.11.14：PDFに書き出す

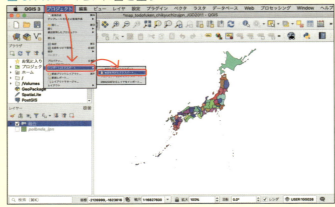

図6.11.15：ラスタ化せずに書き出す

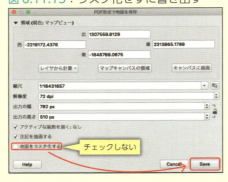

図6.11.16：わかりやすい名前で保存

Illustrator で調整する

エクスポートした PDF ファイルを Illustrator で読み込んでからの操作は本章の応用①と同じです。ここでは、線を白にして、地方別で色分けしてみました（図 6.11.17）。

また線のレイヤーを複製して、レイヤー全体を選んで合体して日本全体の輪郭線を作り、塗りの下のレイヤーに配置して海岸線を強調しています（図 6.11.18）。アプリケーションで素材さえ用意すれば、このようにいろいろな地図に発展させることができます。

図 6.11.17：Illustrator で線や色を調整

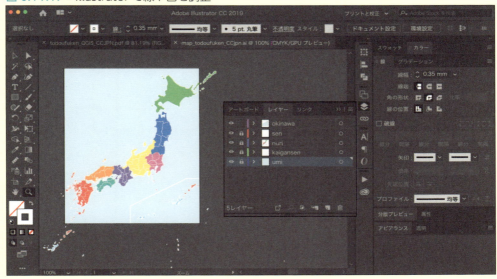

📄 国土数値情報の行政区域データと地球地図日本のデータ

実は本稿の準備段階では、国土数値情報の行政区域データを「ディゾルブ（融合）」して都道府県のデータを作っていました。

ところが、これの処理が非常に時間のかかるものでした。なぜなら、港の防波堤の形までわかるほどの詳細なデータだからです。

細かすぎるデータは逆に汚く見えたりもするので、地球地図日本を利用するのはよいアイデアだと思います。

図 6.11.18：地方別に色分けした都道府県地図

※国土地理院の「地球地図日本」行政界データを使用して株式会社ウエイドが作成

第7章
鉄道路線図を簡単に作成する【QGIS】

本章では鉄道路線データを使って、路線図を作成します。上手に色分けをしてわかりやすい図を作成してみてください！

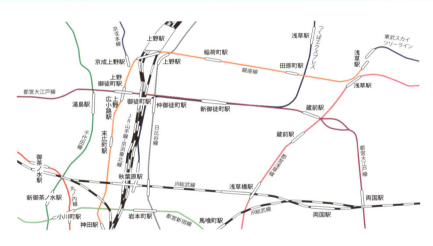

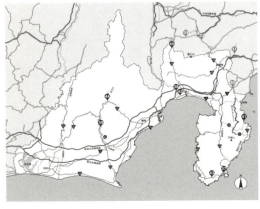

第7章　鉄道路線図を簡単に作成する【QGIS】

STEP 1　日本の鉄道路線データをダウンロードする

図 7.1.1：国土数値情報の鉄道データ

　日本の鉄道路線のデータは、国土数値情報ダウンロードサービス（図 7.1.1）にあり、「鉄道」をクリックして、ページの下部のチェックリストで「全国一括」をチェックして進みます（図 7.1.2）。図 7.1.3 で過去のデータも選べますが、通常は最新のものをダウンロードすればよいでしょう。アンケートや利用約款を確認してダウンロードを進めます（図 7.1.4 ～図 7.1.6）。

　ダウンロードしたファイルは、わかりやすい名前で、移動しなくてよいフォルダに解凍しておきます（図 7.1.7）。

図 7.1.2：鉄道データの説明ページ

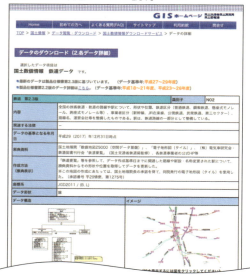

図 7.1.3：ファイルの選択

140

STEP 1　日本の鉄道路線データをダウンロードする

図 7.1.4：アンケートに答える

図 7.1.5：利用約款の確認

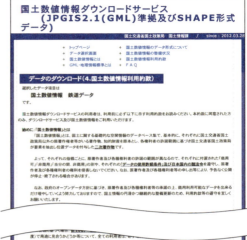

図 7.1.6：ダウンロード画面

図 7.1.7：解凍したところ

STEP 2　QGIS にデータを読み込む

図 7.2.1：路線・駅のデータを読み込む

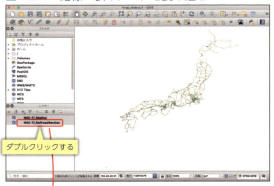

　QGIS を起動して、新規プロジェクトを作成します（⌘＋N）。メインのウィンドウに先ほど解凍した中にある「N02-17_RailroadSection.shp」「N02-17_Station.shp」をドラッグ＆ドロップします（図 7.2.1）。画面に何も現れない場合は、［ビュー］⇒［全域表示］（⌘＋Shift＋F）で、データのある範囲全体が表示されます。

図 7.2.2：文字コードの設定

　作成されたレイヤーをダブルクリックし、ソースの中にある「データソースエンコーディング」の設定を「Shift_JIS」に変更しておきます。もう1つのレイヤーも同じように設定してください。これをしないと後で路線名や駅名が文字化けしてしまいます（図 7.2.2）。

図 7.2.3：都心部を拡大

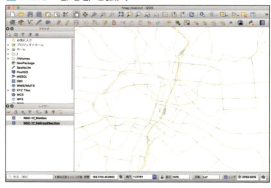

　ここで一旦保存しておきます。今回は浅草周辺の路線図を作成するので、図 7.2.3 は東京あたりを拡大しています。

STEP 3 路線を色分けする

路線を色分けする

　読み込んだだけだと、路線がわかりづらく、売り物の路線図に仕上がるのか不安になりますが、ここであきらめずに、手順通り調整を進めていけば大丈夫です。
　まず、路線別に色分けする設定をします。
　「N02-17_RailroadSection」をダブルクリックして、［シンボロジー］⇒［分類された］⇒［N02_003］と設定し、［シンボル］⇒［変更］で線幅などを設定する画面を開きます（図7.3.1～図7.3.3）。「シンプルライン」で切り替わる画面でストローク太さ、継ぎ目スタイル、頂点スタイルを設定して［OK］します。

図7.3.1：路線のシンボル設定

図7.3.2：

図7.3.3：

　レイヤーのプロパティ画面に戻り、［分類］をクリックすると各路線にランダムな色が割り当てられます（図7.3.4）。［OK］すると路線図らしく色分けされます（図7.3.5）。

図7.3.4：路線名で分類

図7.3.5：路線ごとに色分けされた

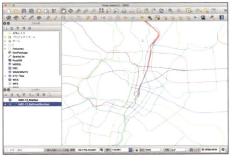

📄 カラムの選び方

　国土数値情報の属性情報の説明には、カラムの設定内容が書かれています。

第 7 章　鉄道路線図を簡単に作成する【QGIS】

STEP 4　駅のシンボルを設定する

図 7.4.1：駅のレイヤプロパティを開く

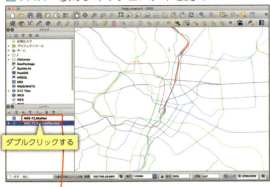

「N02-17_Station」レイヤーをダブルクリックしてレイヤーのプロパティを開き、シンボロジーのタブを開きます（図 7.4.1）。ここでは色分けの必要はないので、シンプルラインの設定を図 7.4.2 のようにして［OK］します（図 7.4.3）。

図 7.4.2：線の設定をする

図 7.4.3：駅の形が強調された

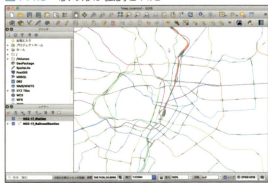

STEP 5 路線名・駅名を表示する

図 7.5.1：路線名を表示する設定

図 7.5.2：路線名が表示された

続いて路線名、駅名を表示させます。

「N02-17_RailroadSection」レイヤーをダブルクリックしてレイヤーのプロパティを開き、今度はラベルのタブを開きます。図 7.5.1 のように［単一のラベル］⇒［N02_003］⇒［Kozuka Gothic Pr6N］⇒［6 ポイント］と設定して［OK］すると、各路線の名称が表示されます（図 7.5.2）。行政上の登録名称なので「12 号線大江戸線」など見慣れない表記になりますが、どちらにせよ書き出すときにアウトライン化されてしまうので、先に進みます。

同様に「N02-17_Station」レイヤーをダブルクリックしてレイヤーのプロパティを開き、ラベルのタブを開きます。図 7.5.3 のように［単一のラベル］⇒［N02_005］⇒［Kozuka Gothic Pr6N］⇒［7 ポイント］と設定して［OK］します（図 7.5.4）。

図 7.5.3：駅名を表示する設定

図 7.5.4：駅名も表示された

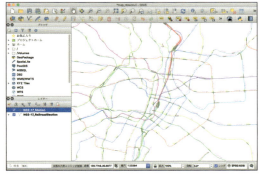

145

STEP 6 PDFに書き出す

図 7.6.1：

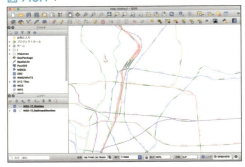

今回は秋葉原から浅草あたりの路線図を作成するため、メイン画面のドラッグとマウスホイールで作成範囲を表示します（図7.6.1）。［プロジェクト］⇒［インポート/エクスポート］⇒［地図をPDFにエクスポート］で地図を書き出します（図7.6.2）。Illustratorで設定するので、細かな設定は変更しなくてかまいません（図7.6.3）。

ファイル名を付けて保存したら、QGISでの作業は終了です（図7.6.4）。

図 7.6.2：

図 7.6.3：

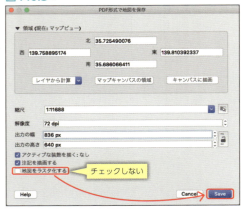

図 7.6.4：

STEP 7 Illustratorで調整する

QGISから書き出されるPDFはRGBモードなので、印刷・出版向けの地図の場合は、PDFを開いたら［全選択］⇒［コピー］⇒［印刷設定］で［新規ファイル作成］⇒［ペースト］をしておきます（図7.7.1）。サイズは「幅：150mm」「高さ：80mm」「裁ち落とし：0mm」にしています（図7.7.2）。

ペーストしたら、外枠を削除し、駅のライン、文字を別レイヤーに分離します（図7.7.3）。

各路線は［共通オブジェクトを選択］⇒［アピアランス］でまとめて選択し、⌘＋Jで1つのオブジェクトにまとめます。少しカクカクするので、［効果］⇒［スタイライズ］⇒［角を丸くする］で0.7mmの丸みをつけて滑らかにします（図7.7.4）。

路線の色はネットで調べて調整します。資料として代表的な路線カラーを表7.7.1にまとめます。

駅はアピアランスで線幅1mmの黒い線、線幅0.7mmの白い線を重ねて調整します。上野駅だけは線が複雑に交差するのでまとめて省略した形にしました（図7.7.5）。

図7.7.1：
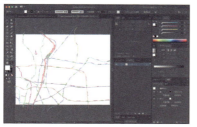

図7.7.2：

図7.7.3：
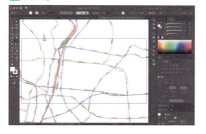

図7.7.4：

図7.7.5：

表7.7.1：首都圏の主要な路線のラインカラー

路線	C	M	Y	K
銀座線	0	50	100	0
丸ノ内線	0	100	100	0
日比谷線	18	0	0	38
東西線	90	0	10	0
千代田線	100	0	100	0
有楽町線	20	20	80	0
副都心線	30	70	100	0
半蔵門線	45	55	0	0
南北線	80	0	40	0
都営浅草線	0	80	0	0
都営三田線	90	40	0	0
都営新宿線	60	0	80	0
都営大江戸線	30	100	10	0
都電荒川線	5	20	40	15
日暮里・舎人ライナー	18	90	0	0
つくばエクスプレス	100	70	0	30

STEP 8 文字を並べ直して完成

　前の章に続いて、文字がアウトライン化されているのを入れ直します。タイピングの速い方なら自分で入力してもよいですし、Webで検索して一覧を探してコピー＆ペーストしてもよいでしょう。なお、鉄道会社の公式サイトからコピーしてくれば、誤植の心配をしなくて済みます（図 7.8.1）。

図 7.8.1：駅名・路線名を入れ直す

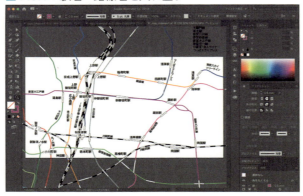

　駅名と路線名に強弱をつけつつ、見やすく並べ直して完成です。混雑しているところは、文字の後ろに白い長方形を置いて重ねるなどしています（図 7.8.2）。

図 7.8.2：完成した路線図

※国土地理院の国土数値情報を使用して株式会社ウエイドが作成。

応用① 首都圏の JR 路線図を作成する

図 7.9.1：都道府県と路線を読み込む

データを読み込みんでレイヤーを設定する

　もう少し広域の路線図を作ってみましょう。第 6 章の応用②（P.128）で作成した、地球地図日本を加工した都道府県のシェイプファイル（todoufuken_chikyuchizujpn.shp）と、本章の Step1（P.140）でダウンロードした鉄道路線データ（N02-17_RailroadSection.shp）を、QGIS の新規プロジェクト画面にドラッグします（図 7.9.1）。

　N02-17_RailroadSection のレイヤーをダブルクリックして、図 7.9.2 〜図 7.9.5 のように順に設定していきます。

図 7.9.2：路線の文字エンコードを設定

図 7.9.3：路線の色分けを設定して分類

図 7.9.4：JR 以外を非表示にする

図 7.9.5：路線名を表示する設定

149

範囲を決めて PDF に書き出す

図 7.9.5 を［OK］すると、都道府県地図の上に JR の新幹線と在来線だけが表示された状態になります（図 7.9.6）。

少し東西に引き伸ばされているので、図法を変更しましょう。今回選んでいる「EPSG:3857」は Google マップなどでも使われている投影法なので、見慣れた地図という印象になると思います（図 7.9.7）。

図 7.9.6：JR 在来線・新幹線だけが表示される

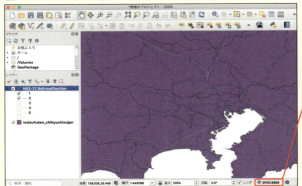

図 7.9.7：投影法（CRS）の設定

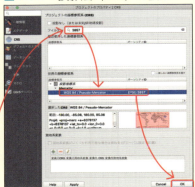

埼玉・東京・神奈川あたりが見えるように調整して、PDF に書き出します（図 7.9.8、図 7.9.9）。

図 7.9.8：PDF にエクスポート

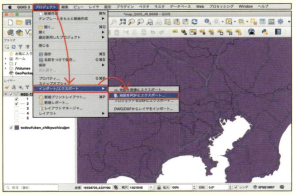

図 7.9.9：PDF の設定画面

応用 ① 首都圏の JR 路線図を作成する

図 7.9.10：印刷用の新規ファイル設定

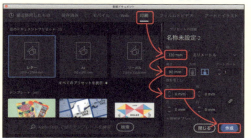

Illustrator で調整する

エクスポートした PDF ファイルを Illustrator で開いたら、全選択でコピーし、新規の印刷用ファイル（幅：120mm ×高さ：90mm）を作成してペーストします（図 7.9.10）。

サイズを調整したら一度選択を解除して（図 7.9.11）、共通オブジェクトを選んでレイヤー分けしながら、色や線幅を調整します（図 7.9.12）。

図 7.9.11：ペーストして配置を調整

図 7.9.12：色や線幅を調整

図 7.9.A：国土数値情報の「属性情報」欄

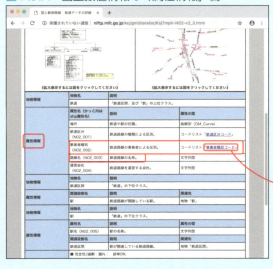

📄 事業者種別コード

カラムを選択する際に指定している「N02_002」などの文字列は何を表しているでしょうか。国土数値情報の各データの Web ページに説明があります（図 7.9.A、図 7.9.B）。操作に慣れてきたら、カラムの設定を変化させると思いどおりの色分けなどに早くたどりつくでしょう。

図 7.9.B：N02_002 の値と事業者の対応

事業者種別コード〈ファイル名称：InstitutionTypeCd〉

コード	対応する内容
1	JRの新幹線
2	JR在来線
3	公営鉄道
4	民営鉄道
5	第三セクター

文字を入れて完成

QGIS で書き出した文字を参考にしながら路線名や主要な駅を入力したら完成です（図7.9.13、図7.9.14）。

図 7.9.13：路線名・主要駅を加える

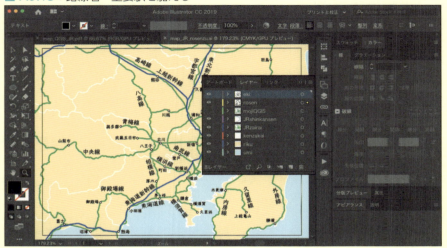

図 7.9.14：完成した首都圏の JR 路線図

※国土地理院の「国土数値情報」、「地球地図日本」行政界データを使用して株式会社ウエイドが作成

応用 ② 静岡県の道の駅マップを作成する

応用 ② 静岡県の道の駅マップを作成する

図 7.10.1：使用するデータの位置

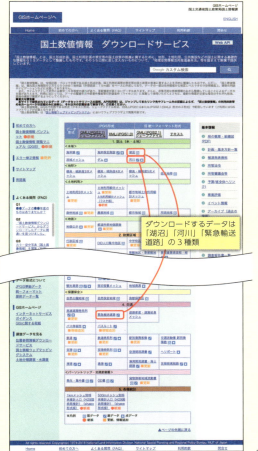

国土数値情報には、鉄道以外にもいろいろなデータが整備されています（図7.10.1）。いくつかを組み合わせて、道の駅マップを作成した例を紹介します。

データをダウンロードする

ダウンロードするデータは「湖沼」（図7.10.2、図7.10.3）、「河川」（図7.10.4、図7.10.5）、「緊急輸送道路」（図7.10.6、図7.10.7）の3種類です。緊急輸送道路には、高速道路や主要な国道のほか大きな県道が入っています。都道府県の形状は第6章の応用②（P.133）で地球地図日本から作成したものを使用します。

図 7.10.2：湖沼データのダウンロード

図 7.10.3：ファイルの選択

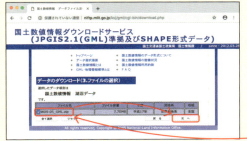

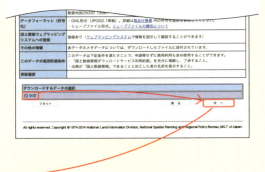

153

第7章 鉄道路線図を簡単に作成する【QGIS】

図 7.10.4：河川データのダウンロード

図 7.10.6：緊急輸送道路データのダウンロード

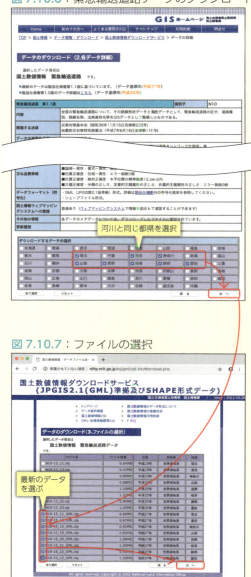

図 7.10.5：ファイルの選択

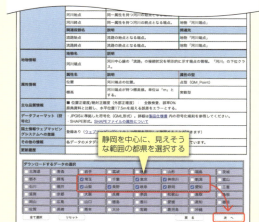

図 7.10.7：ファイルの選択

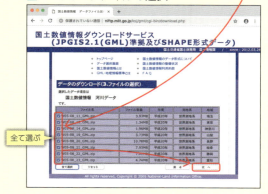

154

QGISに配置して道路の色分け設定をする

ダウンロードして解凍したら、QGISで新規プロジェクトを作成して、データを配置していきます。

都道府県境のデータ、河川（Stream）、湖沼、緊急輸送道路の順で、shpファイルをQGISのウィンドウにドロップしていくと見やすくなります。

配置したタイミングでランダムで色分けされるので、そのままでは河川や道路の色が県ごとにバラバラです（図7.10.8）。一番上の道路のレイヤーをダブルクリックして、図7.10.9の手順で色分けを設定すると、高速道路や国道など道路の種類で色分けされます。

図7.10.8：地図データの読み込み

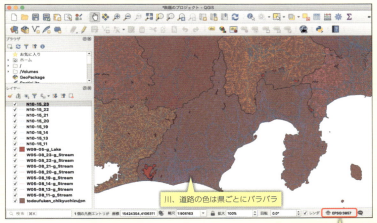

図7.10.9：道路の色分け設定

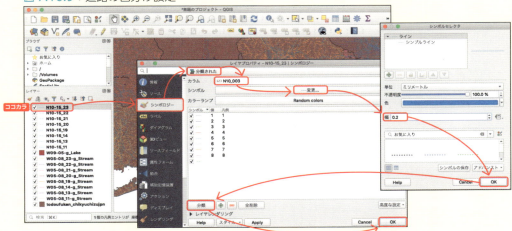

第7章 鉄道路線図を簡単に作成する【QGIS】

図 7.10.10：レイヤースタイルのコピー

設定し終わったレイヤーを右クリック ⇒ ［スタイル］⇒ ［スタイルのコピー］⇒ ［シンボル体系］で色設定をコピーします（図 7.10.10）。そして、図 7.10.11 のように設定していない道路のレイヤーをすべて選び、右クリックしてスタイルの貼り付けをすると、全都県の道路が同じように色分けされます（図 7.10.12）。

図 7.10.11：レイヤースタイルの貼り付け　　図 7.10.12：道路の色分けが完了

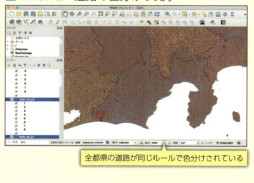

全都県の道路が同じルールで色分けされている

📄 属性情報

緊急輸送道路の属性情報「N10_003」が道路の種類を表しています。

図 7.10.A：緊急輸送道路の属性情報　　図 7.10.B：N10_003 の値と道路種別

156

河川、都道府県の色分け設定をする

道路と同様に、河川も色分け設定をしましょう。

道路との違いは、カラムで「W05_003」を選ぶことと、線幅設定を変えないことです。線幅設定は、道路と川の違いを設定してあれば、無理にどちらも変えなくてもよいとの考えです（図 7.10.13 ～図 7.10.16）。

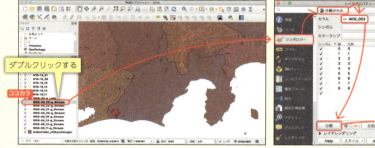

図 7.10.13：河川のレイヤーの一番上を設定

図 7.10.14：河川の色分け設定

図 7.10.15：レイヤースタイルのコピー

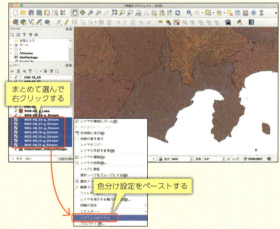

図 7.10.16：レイヤースタイルの貼り付け

都道府県のレイヤーもカラム「nam」で色分けします（図7.10.17、図7.10.18）。

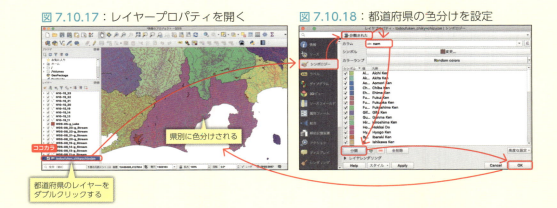

図7.10.17：レイヤープロパティを開く　　図7.10.18：都道府県の色分けを設定

PDFで書き出す

他の作例と同様に、PDFに書き出します（図7.10.19）。[地図をラスタ化する]のチェックが入っていれば外します（図7.10.20）。

これでQGISでの作業は終了です。

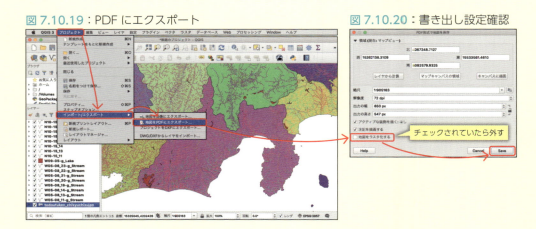

図7.10.19：PDFにエクスポート　　図7.10.20：書き出し設定確認

Illustrator に読み込んでレイヤー分けする

　PDF を Illustrator で開いたら、すべてを選択 ⇒ コピーして、新規 CMYK ファイルにペーストし、共通オブジェクトを選択を使ってレイヤー分けをします（図 7.10.21）。
　この際、高速道路、国道、一級河川は、その他の道や川とは別のレイヤーに分けます。必ず使用する要素と、必要な部分だけ使う要素に分けるためです。

図 7.10.21：共通オブジェクトを選択してレイヤー分け

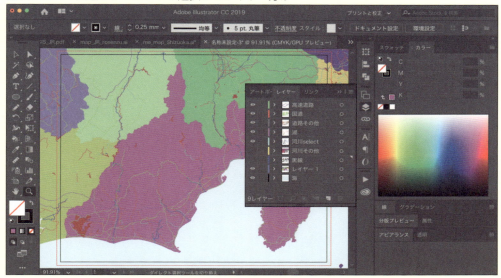

第7章 鉄道路線図を簡単に作成する【QGIS】

色や線幅などを調整し、文字を加えて仕上げる

　描くレイヤーで色や線幅などの見た目を調整します。さらに細かすぎるところを省いたり、足りないところを非表示のレイヤーから持ってきたり、地理院地図などを参照して書き足したりして、目的に合うように整えます。

　仕上げに文字やポイントを入れて完成です（図7.10.22）。

図7.10.22：完成した静岡県のおすすめ道の駅マップ

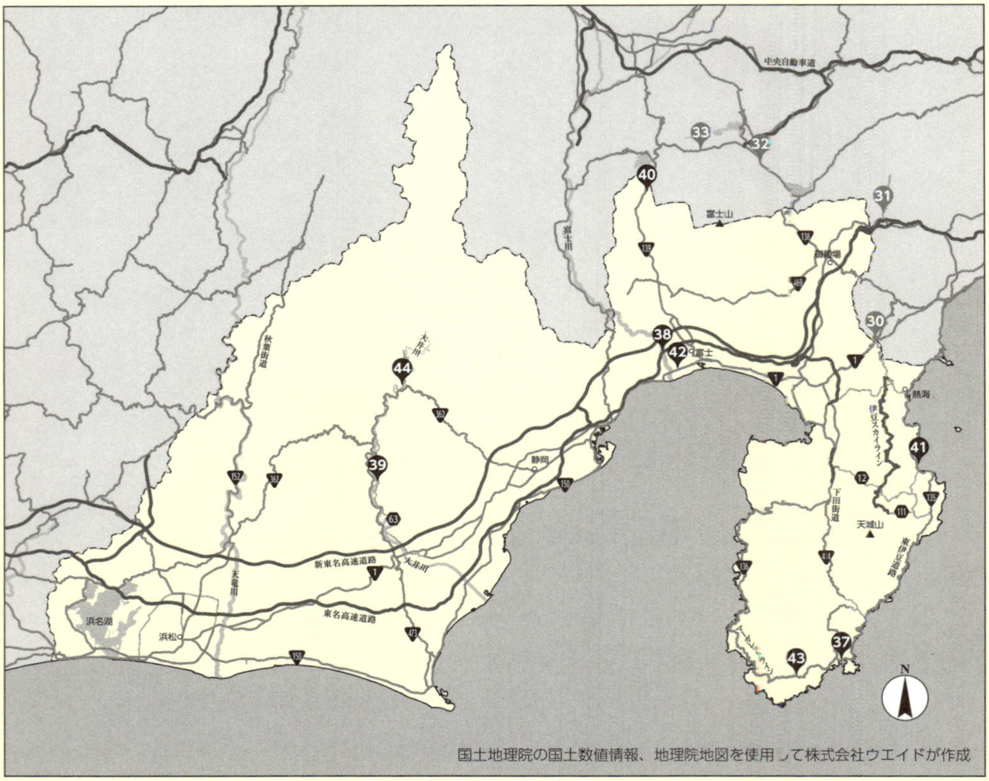

※『首都圏「道の駅」ぶらり半日旅』（浅井佑一著／ワニブックス PLUS 新書）に掲載の静岡県のおすすめ道の駅マップ

第 8 章
世界の陰影地形図を作成する【QGIS】

高低差のある陰影地形図は、Illustrator 上で調整する前にも、いろいろと処理をしておいたほうがよいことがあります。1 つひとつ作成しながら覚えていきましょう。

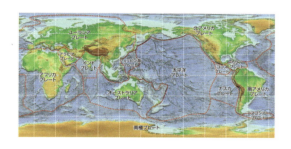

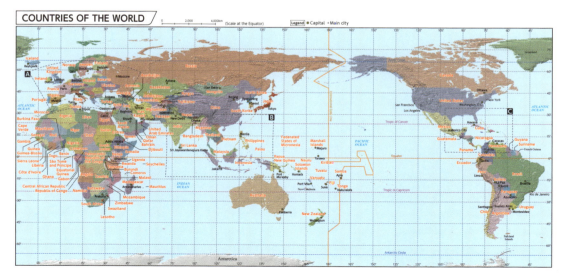

第8章 世界の陰影地形図を作成する【QGIS】

STEP 1 地形データをダウンロードする

　世界の標高データは、アメリカ国立環境情報センター（NCEI）の「ETOPO1」を使います（図8.1.1）。パブリックドメインなので、データ元の表示が不要で商用利用もできます。データ元として「NCEI」を表記してほしいとの記載はあります（図8.1.2）。

　タウンマップのような詳細地形には使えませんが、書籍や雑誌に掲載する世界地図や国々の地図レベルであればまったく問題なく、使い勝手の良いデータです。

図8.1.1：アメリカ国立環境情報センターの「ETOPO1」（ⓘhttps://www.ngdc.noaa.gov/mgg/global/）

図8.1.2：使用条件についての質問と回答

　南極やグリーンランドの氷を含む［ETOPO1 Ice Surface］⇒［grid-registered］⇒［georeferenced tiff］をダウンロードします。必要なファイルは1つだけです（図8.1.3）。

　解凍したら、他のファイルと同様、わかりやすい名前の移動しなくてよいフォルダを作って入れておきます（図8.1.4）。フォルダ名が変わったり、場所が変わると、QGISファイルを開いたときにエラーになり、設定し直さないといけないので、気をつけましょう。

図8.1.3：ダウンロードするファイル

図8.1.4：フォルダを作成して保存

STEP 2 QGIS にデータを読み込む

図 8.2.1：座標参照系を設定する

QGIS を起動して、新規プロジェクトを作成し（⌘ + N）、メインのウィンドウに先ほど解凍した「ETOPO1_Ice_g_geotiff.tif」をドラッグ&ドロップします。

座標参照系選択画面が開くので、「WGS84 EPSG:4326」を選んで［OK］します（図 8.2.1）。画面に何も現れない場合は［ビュー］⇒［全域表示］（⌘ + Shift + F）とすると、データのある範囲全体が表示されます（図 8.2.2）。

図 8.2.2：ETOPO1 を読み込んだところ

📄 パブリックドメインも完璧ではない

　実は本書執筆中に、アメリカの政府機関が予算執行切れで閉鎖され、一時的に ETOPO がダウンロードできない事態になりました。ミラーサイトを探せば見つかるのでしょうが、やはり本家からのダウンロードが安心です。自分でもしっかりバックアップを取っておきましょう。

第8章　世界の陰影地形図を作成する【QGIS】

 標高による色分けを設定する

　標高データを読み込むと、自動的に一番低いところが黒、一番高いところが白になるよう設定されますが、これでは見栄えが良くありません。

　レイヤーをダブルクリックしてプロパティを開き、標高による色分けを設定していきましょう。

　まずレンダリングタイプを「単バンド疑似カラー」に設定します。カラーランプから、Greens を選んで、これを元に変更していきます（図 8.3.1）。下に並んだ「値」が標高です。値を変更すると低い順に自動で並べ替えられるので、標高の高いところから設定していきます。

図 8.3.1：標高を色分けする準備

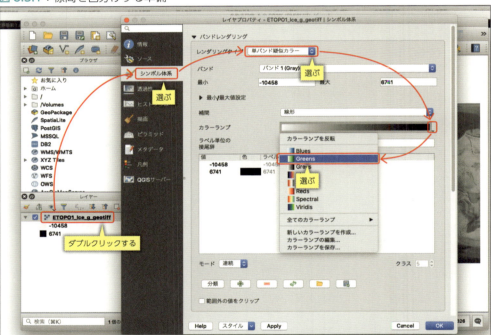

164

STEP 3　標高による色分けを設定する

　まず、6000m 以上を白にしたいので、一番下の値をダブルクリックして「6000」に変更します（図 8.3.2）。次に色の見本をダブルクリックして、色設定画面を開き、白に変更して［OK］します（図 8.3.3、図 8.3.4）。

　この要領で、色分け設定をしていきます。色分けの数が足りなければ［＋］を押すと増やせます（図 8.3.5）。［エクスポート］を押せば、カラー設定をテキストファイルとして保存できます。

図 8.3.2：色の境界になる標高を設定

図 8.3.3：色設定画面を開く

図 8.3.4：色の設定

図 8.3.5：標高と色を設定し終わったところ

165

第8章　世界の陰影地形図を作成する【QGIS】

STEP 4　色分けされていない場所を確認しておく

図8.4.1：色分けが設定されたが…

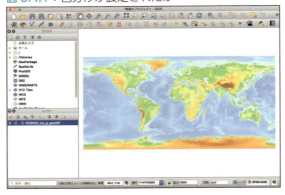

　Step3の設定で標高を色分けできました（図8.4.1）。しかし、よく見るとカスピ海などはうまく色分けされない場所があります（図8.4.1）。標高で色分けして、0m以下を水色にすると、いわゆるゼロメートル地帯が陸地なのに水色になってしまったり、高原地帯の大きな湖が陸の色になってしまったりします。

　試しに第5章（P.88）でダウンロードしたNatural Earthの「50m_physical」フォルダにある「ne_50m_coastline.shp」をメインウィンドウにドロップして比べてみると、海岸線とかなりズレがある地域がハッキリします（図8.4.3）。

　雰囲気としてはいいのですが、きちんとした地図にするにはきっちりと調整する必要があります。

図8.4.2：標高0m未満の陸地も海の色になっている

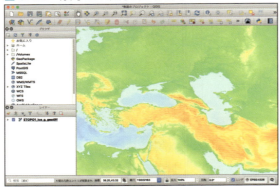

図8.4.3：Natural Earthの海岸線との比較

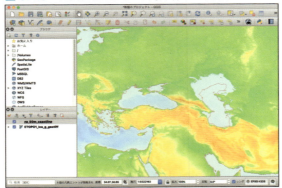

166

STEP 5　ETOPO1のデータに投影法設定を割り当てる

　ETOPO1の標高データには、測地系の情報が記録されていません（記録されていますが、QGISでは認識できない形式です）。

　ETOPO1のレイヤーを選び、[ラスタ] ⇒ [プロジェクション] ⇒ [投影法の割り当て]で設定画面を開きます（図8.5.1）。[望ましいCRS] に「EPSG4326:WGS84」を設定して[実行]します（図8.5.2）。図8.5.3のように文字が表示され、最後に「Finished」と表示されたら[Close]します。

　ここでエラーが出てしまう人は、QGISの初期設定が完了していません。第1章の「QGISの起動と初期設定」(P.24) を参照して、カスタム変数を追加してください。この処理はQGISに必要なデータをETOPO1に書き足すことを意味します。

図8.5.1：[投影法の割り当て] を開く

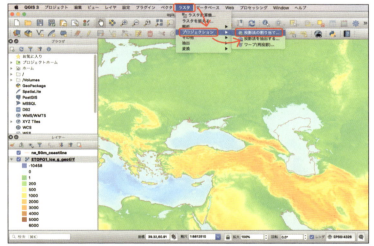

図8.5.2：[EPSG:4326 - WGS 84] を選ぶ

図8.5.3：割り当て完了時の画面

終了したら
Closeで閉じる

第8章 世界の陰影地形図を作成する【QGIS】

ETOPO1のデータから陸地のみの標高データを切り出す

図8.6.1：陸地を切り出すための設定画面を開く

［ラスタ］⇒［抽出］⇒［マスクレイヤーによるラスタのクリップ］でクリップ（切り抜き）画面を開きます（図8.6.1）。

マスクレイヤーは［…］を押して、第5章（P.88）でダウンロードしたNatural Earthの「50m_physical」に入っている「ne_50m_land.shp」を設定します。［出力バンドに指定された

図8.6.2：切り出しの設定

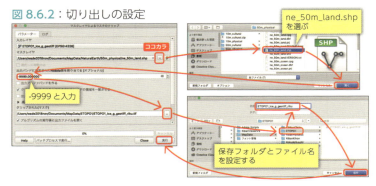

nodata値を割り当てる］の項目には「-9999」を入力します。［クリップされた（マスク）］には、できたファイルを保存する場所とファイル名を設定します。ETOFO1と同じフォルダに、ファイル名末尾に「_riku」と付加しておけばわかりやすいでしょう（図8.6.2）。

設定できたら実行します。かなり時間がかかる処理で、筆者の環境では5分以上かかりました。「Finished」と表示され無事に完了したら［Close］で閉じましょう（図8.6.3）。

「クリップされた（マスク）」というレイヤーが作られ、陸地が黒く表示されます（図8.6.4）。

図8.6.3：切り出し完了時の画面

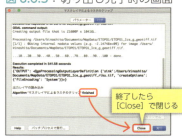

図8.6.4：陸地だけのレイヤーが作成された

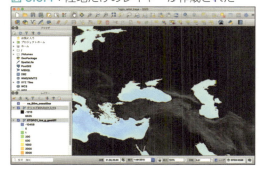

168

STEP 7 陸地のレイヤーに着色する

ここまでで陸地と海の色を分ける準備ができました。

「ETOPO1_Ice_g_geotiff」レイヤーを右クリック ⇒ ［スタイル］⇒ ［スタイルのコピー］とクリックします（図 8.7.1）。そして「クリップされた（マスク）」レイヤーを右クリック ⇒ ［スタイル］⇒ ［スタイルの貼り付け］をクリックすると、色分け設定がコピーできます（図 8.7.2）。

「クリップされた（マスク）」レイヤーをダブルクリックして、0m 以下の海色設定を削除します（図 8.7.3、図 8.7.4）。

図 8.7.1：最初のレイヤーのスタイルをコピーする

図 8.7.2：陸地のレイヤーに貼り付ける

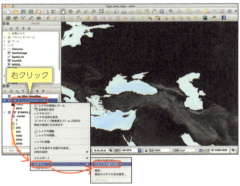

図 8.7.3：海の色を削除する①

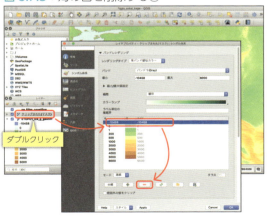

図 8.7.4：海の色を削除する②

169

第 8 章　世界の陰影地形図を作成する【QGIS】

　海抜 0m 以下の陸地部分が緑色になりました（図 8.7.5）。

　逆に「ETOPO1_Ice_g_geotiff」レイヤーでは 1m 以上の陸地の色設定を削除すると、陸は緑、海は青色でしっかり色分けできます（図 8.7.6 ～図 8.7.9）。

図 8.7.5：標高 0m 未満の陸地も緑色にできた

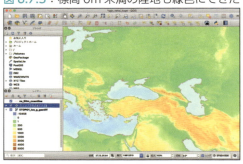

図 8.7.6：標高 0m 以上の海

図 8.7.7：緑色を削除する

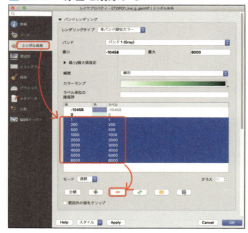

図 8.7.8：海の色だけが残った元レイヤー

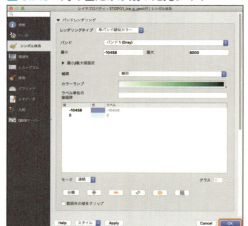

図 8.7.9：海の部分が全て青になった

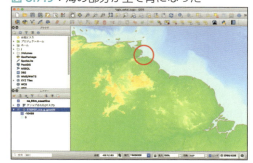

170

STEP 8 陰影のレイヤーを作成する

図 8.8.1：ETOPO1 のレイヤーを複製する

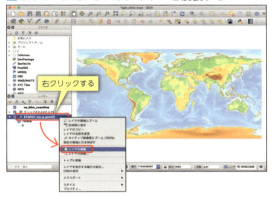

レイヤーを複製し、陸のレイヤーの上に移動したら（図8.8.1、図8.8.2）、陰影図として図8.8.3のように設定します。Zファクタは「0.00000898」とするのが正しい（らしい）のですが、ほとんど陰影が感じられないので、ここでは「0.00020000」としています（図8.8.4）。

学術目的の使用ではないので、見た目重視でいろいろ試して、好みの設定を見つければ良いでしょう。

図 8.8.2：複製したレイヤーを陸のレイヤーの上に移動する

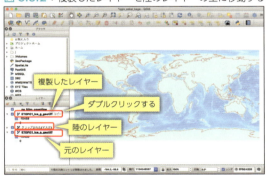

図 8.8.3：陰影をつける設定例

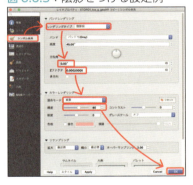

図 8.8.4：陰影が反映されたところ

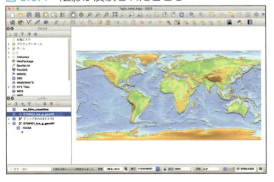

171

第8章　世界の陰影地形図を作成する【QGIS】

STEP 9　湖のレイヤーを作成する

図 8.9.1：湖を切り出すための設定画面を開く

かなりいい感じに仕上がってきましたが、湖が緑色のままです。

再度［ラスタ］⇒［抽出］⇒［マスクレイヤーによるラスタのクリップ］を、今度は「ne_50m_lakes.shp」をマスクレイヤーに指定して実行します（図 8.9.1、図 8.9.2）。

図 8.9.2：切り出しの設定

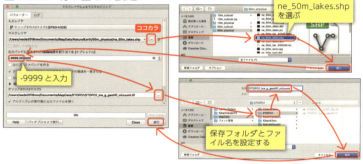

図 8.9.3：レイヤースタイルをコピーする

湖部分が黒い状態で切り抜かれますので、海のレイヤーのレイヤースタイルを貼り付けて水面の色にしましょう（図 8.9.3、図 8 9.4）。

ここで色を見直して、緑がもう少し濃くなるよう調整しました（図 8.9.5）。

図 8.9.5：陸の色分けの微調整

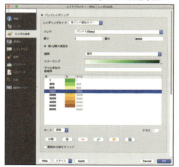

図 8.9.4：レイヤースタイル貼り付ける

172

STEP 10 PDF に書き出す

地図上に乗せる文字やポイントはIllustratorで入れることにして、PDFに書き出します。［プロジェクト］⇒［インポート／エクスポート］⇒［地図をPDFにエクスポート］で保存画面を開き、解像度を印刷に必要な350dpiにして「地図をラスタ化する」のチェックを入れて保存します（図8.10.1、図8.10.2）。

図 8.10.1：PDF に書き出す画面を開く

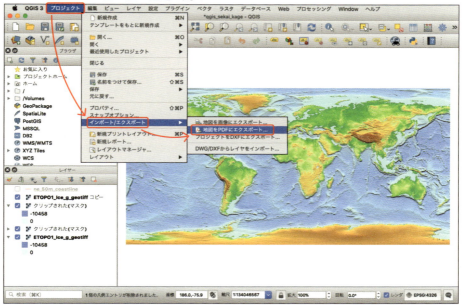

図 8.10.2：PDF の書き出し設定

173

STEP 11 Photoshopで余白を消去する

　書き出されたPDF画像には余白があります。
　Photoshopで開いて、自動選択ツールで余白をクリックして選択します（図8.11.1）。［選択］⇒［選択範囲を反転］（ Shift ＋ ⌘ ＋ i ）で反転して画像部分だけを選択します（図8.11.2）。

図8.11.1：Photoshopで読み込む

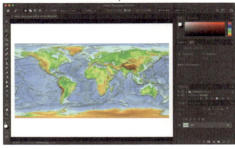

図8.11.2：余白を選択して選択を反転する

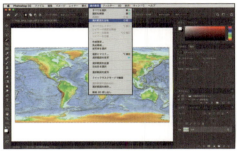

　［イメージ］⇒［切り抜き］で余白が消去されて画像部分が切り抜かれます（図8.11.3、図8.11.4）。

図8.11.3：切り抜く

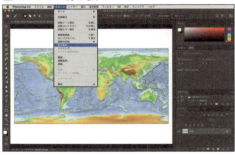

図8.11.4：地図サイズで切り抜けた

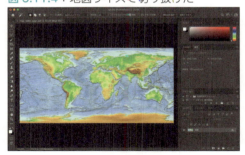

STEP 12 Illustrator の新規ファイルに配置する

図 8.12.1：新規印刷用ファイルの作成

新規の印刷用ファイルを作成して、切り抜いた画像を配置しましょう。アートボードサイズは仮に幅：180mm × 高さ：90mm にしています（図 8.12.1）。配置するとアートボードをはみ出しているので、幅を 180mm に変形します（図 8.12.2）。

ここで画像の左端をドラッグして、画像の右端にピッタリくっつくように移動して、Shift と Option を押しながらマウスから指を離します（図 8.12.3）。これで 2 枚の画像が隙間なく並びました。

図 8.12.2：配置画像のサイズ調整

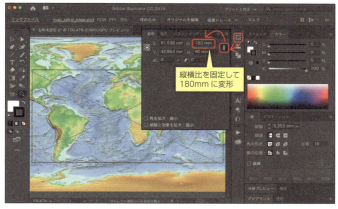

図 8.12.3：画像をピッタリ隣り合うように複製する

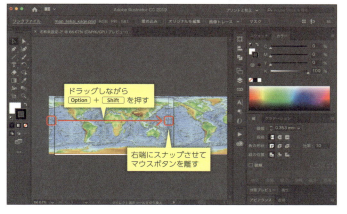

STEP 13 経緯線を描く

　画像の両端に、画像と同じ長さの縦線（線幅：0.15mm、線端：なし、色：白）を引きます（図 8.13.1）。

　両方の白線を選んで、［オブジェクト］⇒［ブレンド］⇒［作成］でブレンドを作成します（図 8.13.2）。続いて［オブジェクト］⇒［ブレンド］⇒［ブレンドオプション］で、［ステップ数］を「23」に設定すると、経度 30 度ごとに線が入ります。

図 8.13.1：左右の端に白線を引く

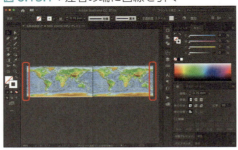

図 8.13.2：［ブレンド］で経線を作成する

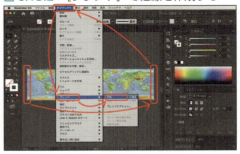

　同じように画像 2 枚分の幅の白線を上端、下端に引いて、ブレンドオプションで［ステップ数］を「5」にすると、緯度 30 度ごとの線が引けます（図 8.13.3）。

　これを全選択して画像の天地をアートボードに合わせれば、東西はどこに動かしても、アートボードには地球 1 周分が表示されます。日本人に馴染み深い、太平洋が中央にくる地図になるよう調整しましょう（図 8.13.4）。

図 8.13.3：横線を作成してブレンド設定する

図 8.13.4：全選択して配置を調整する

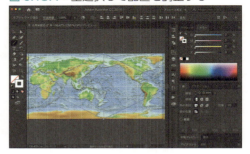

STEP 14 プレート境界、文字を入れて完成

図 8.14.1：プレート境界を描き込む

図 8.14.2：プレート名の文字を加える

仕上げとして、目的に応じた文字や線を加えましょう。ここでは地球表面を覆うプレートの境界を描き込んで、プレート名の文字を入れました（図 8.14.1 〜図 8.14.3）。

作業をしながら、この境界線は QGIS の中で作成しておけば、いろいろな図法に変換できるかも…と頭をよぎりましたが、デザイナーであれば Illustrator のペンツールで描くほうが断然早いし、仕上がりも予想がつきますね。ひとまず完成にこぎつけましたが、新しい方法は追って探求したいと思います。

図 8.14.3：完成した地図

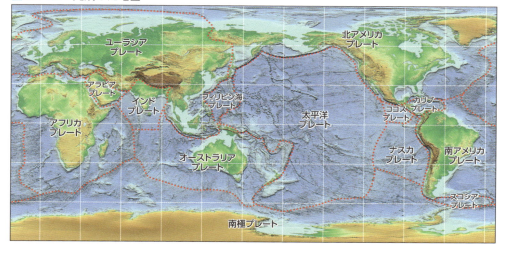

第8章　世界の陰影地形図を作成する【QGIS】

応用① 楕円形の陰影世界地図を作成する

図 8.15.1：陸の色分け設定を見直す

標高の塗り分けをハッキリさせる

　本章の基本 Step では、標高の色分けがグラデーションになっていますが、学習参考書などでは標高がハッキリわかるように、グラデーションはないほうがよい場合もあります。

　この時は、色分けしているレイヤープロパティ⇒［シンボル体系］タブ⇒［補間］を「個別」に設定します（図 8.15.1）。色分けの範囲が変わってくるので、境界となる標高の数値を変えながら何度か［Apply］して、ちょうどよい設定を探しましょう。

　同様に海の色も設定します。基本作品では2色のグラデーションでしたが、中間色を2色加えて変化が極端になりすぎないようにしています（図 8.15.2）。

図 8.15.2：海の色分け設定を見直す

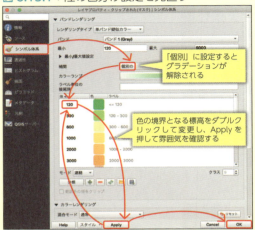

経緯線のレイヤーを作成する

　本章の Step13（P.176）では経緯線が直線で、均等に入れればよかったので、Illustrator上で入れましたが、ここでは曲線にするために QGIS 上で作成します。

　といっても変形できる経緯線を描画するのは結構大変なので、NaturalEarth に用意さ

れている経緯線を利用します。「ne_50m_graticules_30.shp」を QGIS ウィンドウにドラッグ＆ドロップすれば、経緯線のレイヤーができます（図8.15.3）。もっと線の数が多い場合は末尾の数字の小さいものを選びましょう。30 は 30°単位、20 は 20°単位になっていて、15°、10°、5°、1°まで用意されています。

　色はいつでも調整できますが、レイヤーをダブルクリックで「色：白」「線幅：0.2mm」にして、継ぎ目スタイルと頂点スタイルは「丸み」に設定しておきます（図8.15.4）。

図 8.15.3：経緯線のデータを QGIS に読み込む

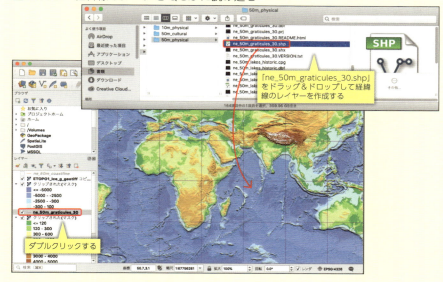

図 8.15.4：経緯線のスタイル設定

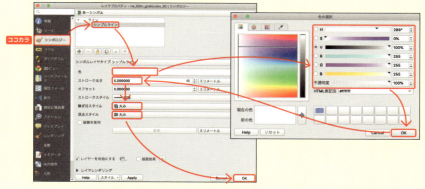

図8.15.5：エイトフ図法に変換する

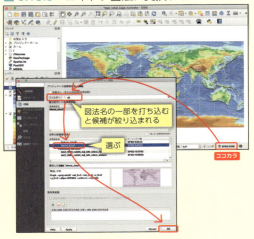

図法を変換する

続いて図法変換をしてみましょう。ウィンドウ右下の「EPSG:4326」をクリックして、プロジェクトのプロパティのCRSタブを表示させます（図8.15.5）。

フィルターの入力窓に「ait」と打ち込むと、候補が絞り込まれるので、その中から「World_Aitoff」を選んで［OK］します。

変形した地図が描画されずに進捗バーが消えてしまう場合は、PCの性能が不足しているかもしれません。メモリの増設で動作が改善することがあります。

図8.15.6：輪郭のデータを読み込む

輪郭線を加える

変換すると、はみ出している部分にも地形がダブって表示されているうえに、輪郭線がありません。そこで、再度Natural Earthのデータを利用します。

「ne_50m_wgs84_bounding_box.shp」をドラッグ＆ドロップすると輪郭線が表示されます（図8.15.5、図8.15.7）。塗りになっていますが、Illustrator上で処理すればよいので、このまま進みます。

図8.15.7：輪郭の形が表示された

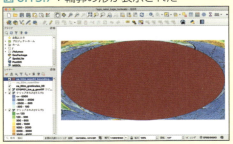

応用 ① 楕円形の陰影世界地図を作成する

図 8.15.8：新規プリントレイアウトの作成

図 8.15.9：

PDF に書き出す

［プロジェクト］⇒［新規プリントレイアウト］で、書き出しレイアウトを設定する画面を開きます（図 8.15.8）。名前はなしで［OK］してよいです（図 8.15.9）。

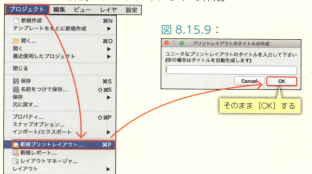

　白い用紙が A4 サイズになっているので、使うサイズをイメージして地図をレイアウトします。やや大きめにして、エクスポート解像度を「350dpi」としておけば問題ないでしょう（図 8.15.10）。ここでは経緯線や輪郭のパスを活かしたいので、［常にベクタとしてエクスポートする］のチェックを入れて［PDF としてエクスポートする］をクリックします。［ベクタの強制］ダイアログが出てきますが［Close］を押して問題ありません（図 8.15.11）。
　［PDF Export Options］（図 8.15.12）は［Always export as vectors］にチェックして、適当な名前をつけて保存したら、QGIS での作業は終了です。

図 8.15.10：クリックして PDF で保存する

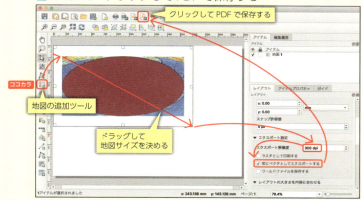

図 8.15.11：Close を押して進む

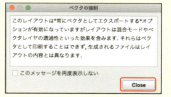

図 8.15.12：PDF のオプション設定

Illustrator に読み込む

保存した PDF ファイルを Illustrator で開きます。エラーメッセージが出ますが、そのまま読み込んで、必要なものが表示されていれば、進めてしまいます（図8.15.13）。

まずすべてを選択（⌘ + A）してクリッピングマスクを解除します。解除が選べなくなるまで繰り返します（図8.15.14、図8.15.15）。余分な枠を選んで削除します。

残った部分をすべて選択（⌘ + A）してコピーして先に進みます。

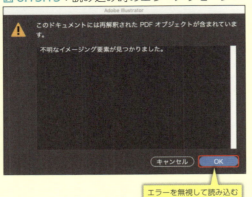

図 8.15.13：読み込み時のエラーメッセージ

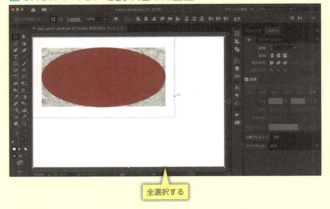

図 8.15.14：PDF を読み込んだ画面

図 8.15.15：クリッピングマスクの解除

新規ファイルにコピーする

新しいファイルを作って先ほどコピーした地図をペーストします。

印刷用フォーマットで、サイズは幅：180mm × 高さ：90mm にします（図8.15.16）。ペーストしたら、幅を「180mm」に変形させます（図8.15.17）。

輪郭は塗りと線が別のオブジェクトになっているので、塗りオブジェクトを選んで削除します。

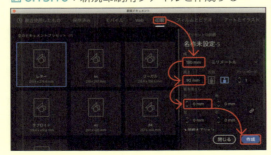

図 8.15.16：新規印刷用ファイルを作成する

図 8.15.17：新規ファイルにペーストして調整する

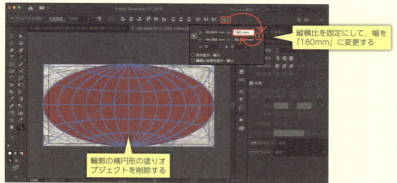

パスを新しいレイヤーに移動する

経緯線を選んで、新しいレイヤーに移動し、色や線幅を調整します。輪郭の楕円も、同じ操作で新しいレイヤーを作って移動します（図 8.15.18、図 8.15.19）。

図 8.15.18：経緯線を新しいレイヤーに移動する

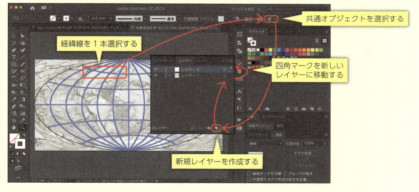

図 8.15.19：輪郭の楕円も新しいレイヤーに移動する

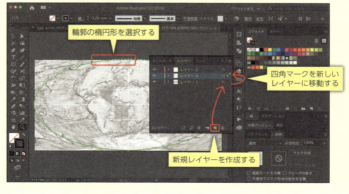

陰影と色分けの重ね合わせを設定する

レイヤー1には画像だけが残りました。とはいえQGISで書き出すときに、陰影と色分けを重ね合わせる設定が消えてしまったので、陰影の画像だけが見えています。

分割された2つを選択して、図8.15.20のように［乗算］に設定すると、後ろにある色分けと重なって見えるようになります。

画像をラスタライズする

レイヤー1の画像をまとめて1枚の画像にします。

レイヤーパレットで Option を押しながらレイヤー1をクリックして内容をすべて選び、［オブジェクト］⇒［ラスタライズ］と選びます（図8.15.21、図8.15.22）。

設定画面で解像度を「350dpi」に、アンチエイリアスを「アートに最適」に設定して［OK］すると1枚の画像になります（図8.15.23）。

図8.15.20：陰影の画像を乗算に設定する

図8.15.21：画像を全て選ぶ

図8.15.22：画像をラスタライズする

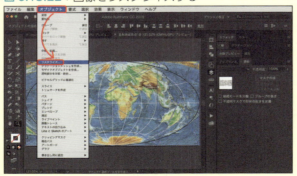

図8.15.23：ラスタライズ設定画面

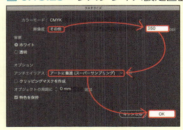

応用 ① 楕円形の陰影世界地図を作成する

図 8.15.24：マスク用に楕円を複製する

画像にマスクを設定する

輪郭の楕円形をコピーし（⌘+C）、そのまま前面にペースト（⌘+F）して複製します（図 8.15.24）。これをレイヤー 1 に移動して、レイヤー 1 をすべて選択して、クリッピングマスクを作成（⌘+7）して楕円形で切り抜きます（図 8.15.25）。

図 8.15.25：クリッピングマスクを作成する

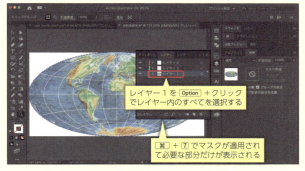

7-5-11 応用 1：色、サイズを調整して完成

あとは、輪郭の楕円を経緯線と同じ白線にして完成ですが、線幅の分アートボードからはみ出してしまいます。すべてを選択して、高さを 89.8mm にして完成です（図 8.15.26、図 8.15.27）。

図 8.15.26：アートボードをはみ出さない設定

図 8.15.27：完成したエイトフ図法の陰影世界地図

※ ETOPO1 と Natural Earth のデータを使用しているので出所の明示は不要です。

第8章 世界の陰影地形図を作成する【QGIS】

応用② 国別に塗り分けられた世界地図を作成する

応用例としてもう1つ、実際に辞書に掲載されている世界地図を紹介します。

本章の基本Stepで作成したETOPO1のグレースケール陰影レイヤーの上に、海、国、海岸線、河川、湖、国境、経緯線、地理学的ライン、主要都市といった情報を「Natural Earth 50m」を使用して重ねています。

QGISで設定する内容

QGISで設定を変えているのは、主要都市の位置を示す「ne_50m_populated_places」で都市名が表示されるようにラベル設定をしているのと、「ne_50m_admin_0_countries」で国別に色分けする部分です（図8.16.1、図8.16.2）。各レイヤーをダブルクリックしてプロパティを開き、図8.16.3と図8.16.4のように設定します。

図8.16.1：QGISで作成した世界地図の素材

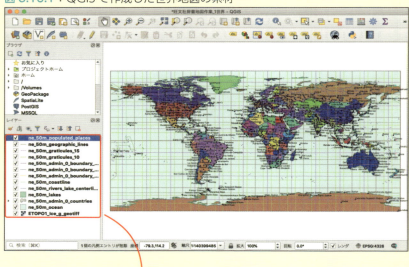

図8.16.2：レイヤー構成

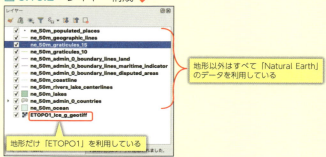

図 8.16.3：主要都市を表示する設定　　図 8.16.4：国別の色分け設定

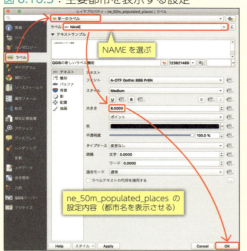

色や線幅など細かい設定はすべて Illustrator に読み込んでから調整します。地形は他のレイヤーに隠れていますが、これも Illustrator で国の色を「乗算」に設定すれば透かして見せることができます。

参考として、地形の陰影設定も紹介します（図 8.16.5、図 8.16.6）。

図 8.16.5：地形レイヤーだけを表示したところ　　図 8.16.6：地形の陰影設定例

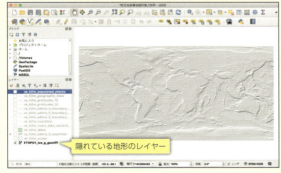
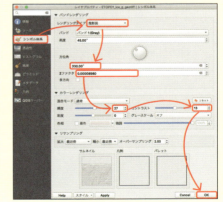

第 8 章　世界の陰影地形図を作成する【QGIS】

作成した地図の調整

　線や色の設定ができたら、太平洋が中央になるように調整して、主要な国名などを入力して、必要のないレイヤーを削除して完成です（図 8.16.7）。

　なお、図 8.16.7 は、川を表示しないように設定しています。あまりたくさんだとデータが重くなりますが、迷ったら一旦書き出しておいて、あとで設定を検討することもできます。

図 8.16.7：完成した世界地図

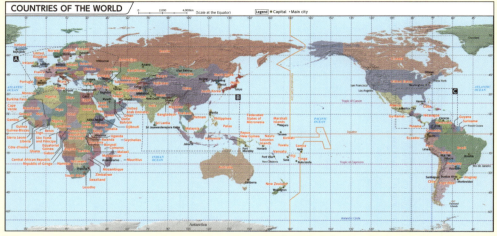

『コアレックス英和辞典　第 3 版』（旺文社）に掲載の世界地図

Appendix 地図データの利用条件（刊行物に使用する場合）

📄 本書で紹介している地図データ

パブリックドメインのデータ

手続き不要・無料
改変自由
商用利用可能

国土地理院のデータ

利用条件がデータごとに定められている。一般公開には出所・使用者の明示が必要。場合によって承認手続きが必要。

・国土数値情報／地球地図
　画像化してあれば、出所・使用者の明示のみで利用可。申請は不要。
・基盤地図情報
　場合によって申請が必要

本書で紹介している地図データは、できるだけ簡単に使いやすいものを厳選しています。パブリックドメインのデータは無料・無条件で使えるので便利です。

すべてパブリックドメインのデータで済ませられればよいのですが、国内のデータはそうはいきません。それだけ正確な地図を測量・作成するのは大変なことなのです。そこで、国土地理院の各種地図データを、必要に応じて利用しています。

本書で使用しているデータの中で、国土数値情報・地球地図のデータは、作例のように加工して画像化した場合、出所と使用者を明示すれば申請は不要で、無償使用ができます。特に注意が必要なのは「基盤地図情報」です。「出所の明示だけすれば利用できるのか、承認申請の手続きをしなければならないのか」きちんと判断しないといけません。

刊行物に利用する場合に絞って、承認申請なしで利用できる条件を抜き出してみました。

基盤地図情報を承認申請なしで刊行物に利用できる条件

刊行物等の内容を補足するため、下記基準程度の少量の地図等を補助的に挿入する場合
【書籍、冊子、報告書、パンフレット等】
　書籍等の1ページの大きさに対し4分の1以下の大きさで地図等の一部を掲載する場合
　書籍等の1ページの大きさに対し2分の1以下の大きさで地図等の一部を掲載する場合は、書籍等の総ページ数の30%以内
　書籍等の1ページの大きさに対し2分の1を超え、1ページに収まる大きさで地図等の一部を掲載する場合は、書籍等の総ページ数の10%以内
　書籍等の内容に合致する地図等の一部を書籍等の表紙に利用する場合

出版物での利用は制限がゆるい

【Webサイト等】
　300かける400ピクセル以下の大きさで地図等の一部（ラスタ形式）を掲載する場合

189

Appendix　地図データの利用条件（刊行物に使用する場合）

> 　300かける400ピクセルを超え、画面に収まる大きさで地図等の一部（ラスタ形式）を掲載する場合は、Webサイト全体の中で5枚まで
> 　スクロール機能により画面以上の地図が見られるような場合は1枚でも申請を要します。
> ※国土地理院「承認申請Q&A」（http://www.gsi.go.jp/LAW/2930-qa.html#02）を元に作成

　基本的に地図がメインとなる書籍でなければ、出所の明示だけで使える場合がほとんどではないでしょうか。ただし、注意点もあります。たとえば、別紙綴じ込み付録などにすると、申請が必要になってしまいます。

　詳しくは、「国土地理院の地図の利用手続」（http://www.gsi.go.jp/LAW/2930-index.html）の「測量成果の複製・使用申請フロー」（図A.2.1）にまとめられています。

　申請が必要な場合でも、第1章で登録したIDとパスワードを使用して、「測量成果ワンストップサービス」（図A.2.2）で画面内だけで申請完了できます。費用もかからず承認書がメールで届くので、電子申請がおすすめです。

図A.2.1：測量成果の複製・使用申請フロー
（ⓘhttp://www.gsi.go.jp/common/000138154.pdf）

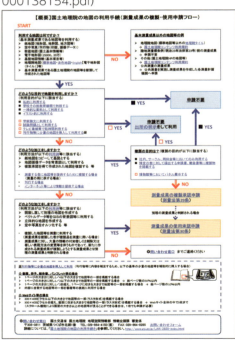

申請が必要になる例
- ポスター・チラシなどの地図
- 地図を別紙付録等で挟み込む
- 地図がメインの出版物

図A.2.2：測量成果ワンストップサービス

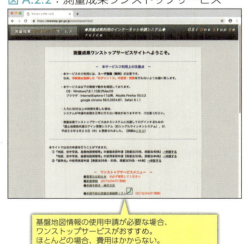

基盤地図情報の使用申請が必要な場合、ワンストップサービスがおすすめ。
ほとんどの場合、費用はかからない。
ID、パスワードは第1章で登録したものでOK

■ 著者紹介

株式会社ウエイド

手描きの時代に建築図面専門のトレース会社としてスタートし、建築出版界で名を馳せたデザイン会社ファクトリー・ウォーターから独立したメンバーが2012年に設立。その来歴を活かし、わかりやすく魅力的な図解・イラストと、効果性と現場の効率を両立する装丁・誌面デザインで、常に読者の喜びを高める本作りに力を注ぐ制作会社である。

原田 鎮郎 (はらだ しずお)

イラストレータ。地図作成歴15年。さまざまな地図アプリを比較して実務で活用している。東京大学在学中に学者・マンガ家の両立を夢想するが挫折し、現実逃避生活を経て現職。難解な科学知識をわかりやすく図解することに情熱を燃やす。

◆ 装丁　　　　　　　　木下春圭（株式会社ウエイド）
◆ 本文デザイン／レイアウト　朝日メディアインターナショナル株式会社
◆ 編集　　　　　　　　取口敏憲

■ お問い合わせについて
　　本書に関するご質問は、本書に記載されている内容に関するもののみとさせていただきます。本書の内容と関係のない
ご質問につきましては、いっさいお答えできませんので、あらかじめご了承ください。また、電話でのご質問は受け付け
ておりませんので、本書サポートページ経由かFAX・書面にてお送りください。

　＜問い合わせ先＞
● 本書サポートページ
　https://gihyo.jp/book/2019/978-4-297-10604-1
　本書記載の情報の修正・訂正・補足などは当該Webページで行います。

● FAX・書面でのお送り先
　〒 162-0846　東京都新宿区市谷左内町 21-13
　株式会社技術評論社　雑誌編集部
　「Illustrator ＋無料アプリでここまでできる！ クリエーターのための［超速］地図デザイン術」係
　FAX：03-3513-6173

　なお、ご質問の際には、書名と該当ページ、返信先を明記してくださいますよう、お願いいたします。
　お送りいただいたご質問には、できる限り迅速にお答えできるよう努力いたしておりますが、場合によってはお答えす
るまでに時間がかかることがあります。また、回答の期日をご指定なさっても、ご希望にお応えできるとは限りません。
あらかじめご了承くださいますよう、お願いいたします。

Illustrator ＋無料アプリでここまでできる！
クリエーターのための ［超速］ 地図デザイン術

2019 年 5 月 29 日　初 版　第 1 刷発行

著　者　　原田鎮郎

発行者　　片岡　巌

発行所　　株式会社技術評論社
　　　　　東京都新宿区市谷左内町 21-13
　　　　　TEL：03-3513-6150（販売促進部）
　　　　　TEL：03-3513-6177（雑誌編集部）

印刷／製本　株式会社加藤文明社

定価はカバーに表示してあります。

本書の一部あるいは全部を著作権法の定める範囲を超え、無断で複写、複製、転載あるいはファイルを落とす
ことを禁じます。

©2019　株式会社ウエイド

造本には細心の注意を払っておりますが、万一、乱丁（ページの乱れ）や落丁（ページの抜け）がございましたら、
小社販売促進部までお送りください。送料小社負担にてお取り替えいたします。

ISBN978-4-297-10604-1 C3055

Printed in Japan